学会生存生活读本

主　编：李长征　唐　婧

副主编：邓玉娟　于后菊　王　睿　高建芳
　　　　张　娟　韩理理

编　委：谢桂真　高　群　郭小双　刘晓慧
　　　　王宗瑞　秦　婉　郑　潇　韩盼盼
　　　　姜　涛　郑佳佳

中国海洋大学出版社
·青岛·

图书在版编目（C I P）数据

学会生存生活读本 / 李长征，唐婧主编. -- 青岛 : 中国海洋大学出版社, 2019.7

ISBN 978-7-5670-2355-0

Ⅰ. ①学… Ⅱ. ①李… Ⅲ. ①生存能力－中等专业学校－教材 Ⅳ. ①B848.2

中国版本图书馆CIP数据核字(2019)第169990号

学会生存生活读本

出版发行 中国海洋大学出版社
社　　址 青岛市香港东路23号　　邮政编码 266071
网　　址 http://pub.ouc.edu.cn
出 版 人 杨立敏
责任编辑 张　华
电　　话 0532-85902342
电子邮箱 zhanghua@ouc-press.com
印　　制 青岛海蓝印刷有限责任公司
版　　次 2019年9月第1版
印　　次 2019年9月第1次印刷
成品尺寸 185 mm × 260 mm
印　　张 8.5
印　　数 1-2600
字　　数 162千
定　　价 40.00元
订购电话 0532-82032573（传真）

“三会成就人生”丛书

前言

学生就是要通过学习获得生存技能，习得生活本领，探索生命意义。生存、生活是一个生命体最为基本的存在形式，学会生存生活是“三会成就人生”教育的重要组成部分。

“四通道、五方向、N素质”是青岛海洋技师学院通过多年教育实践构建起来的技能人才成长路径。“四通道”是指升高校、考公职、服兵役、就好业；“五方向”是指技能大师、领域专家、企业经营、人力管理、公共事业；“N素质”是指人的综合素质。这是人才成长的路径、方向和要求。学生从走进职校到走入职场正是在“四通道、五方向、N素质”这一教育理念指导下实现的。

走进职校。学生走进职业学校，认识未来所从事工作的职业特征，明确人生定位，适应学校生活，发展同学友谊，融入集体团队，培养学习兴趣，掌握知识、技能，发展多种爱好，培养综合素质，为走向职场做好充分准备。走入海洋学校，学习海洋文化，为走向美好的明天实现蓝色梦想奠定坚实的基础。

走入职场。学生通过笔试、面试应聘进入职场，人生进入新的阶段，从学校走入社会，要明确人生目标，做好职业规划，适时做好职业调整，实现职业发展，提高创新创业能力，实现自我、成就自我。

本书包含走进学校生活和走入社会职场两个方面，通过有趣味、有品位、有意味的生动鲜活的事例来说明生存生活的事理，助力学生学会生活，成就美好幸福的人生。

目录

上篇 学会生活

走进学校

立身以立学为先，立学以读书为本。

——欧阳修

新学校，新起点，新征程！

同学们跨入新的学校，迈向人生新的征程，要认清现实，适应环境变化，确立奋斗目标，为美好的未来奋力拼搏。

进入职业学校，认识自己、接纳自己很重要。

接纳自己

李安读中专

高考的时候，李安落榜。他的父亲李升是我国台湾地区台南高中校长，费钱费力对他进行各方面的培养，然而他的成绩一直差到极点，以至于他在校园里看到父亲，都远远地绕开走。

父亲李升逼着他复读，他给李安请家教，其中辅导数学的是一个年轻老师，喜欢艺术，经常跟李安一起听古典音乐，有一次还带他去看瑞典导演拍的电影《处女泉》。但当他第二次参加高考的时候，他再次落榜，这一次差0.67分。

后来他进了艺专，父亲李升很不满意。有一年暑假，李安参加环岛巡回公演，父子俩吃饭，李升训他："什么鬼样子！巡演跟跑江湖、耍马戏有什么区别？为什么不好好读书，将来当戏剧教授？”李安回应：“戏里边，爸爸打儿子，如果一个耳光下去，儿子马上认错，就不算好戏；要看好戏，儿子就不能认错，就是要跟爸爸吵，然后再冲出去。我如果什么都听你的，将来也不会有什么好戏看。”

后来成为著名电影导演的李安因当时高考没有考好，进入艺专，他认清现状，接纳自己，在艺术道路上拼搏奋斗，成为世界著名的导演，作品多次获得奥斯卡金像奖。

皮尔·卡丹的奋斗

法国少年皮尔·卡丹从小就喜欢舞蹈，他的理想是当一名出色的舞蹈演员，可是因为家境贫寒，维持基本生活都非常艰难的父母，根本拿不出多余的钱来送皮尔上舞蹈学校。皮尔的父母不得不将他送到一家缝纫店当学徒工，希望他学一门手艺后能帮家里减轻点经济负担。

一天要在缝纫店工作十多个小时的皮尔，非常厌恶这份工作，这不但是因为繁重的工作所得的报酬还不够他的生活费和学徒费，更重要的是，他觉得自己是在虚度光阴，他为自己的理想无法实现而苦闷。于是，皮尔给自己从小就崇拜的有“芭蕾音乐之父”美誉的布德里写了一封信，他希望布德里能收下他这个学生。在信的最后，他写道，如果布德里在一个星期内不回他的信，不肯收他这个学生，他便只好“为艺术献身”，跳河自尽了。

很快，年少轻狂的皮尔便收到了布德里的回信。皮尔以为布德里被他的执着打动终于答应收下他这个学生了，谁知布德里并没提收他做学生的事，也没有被他“为艺术献身”的精神所感动，而是讲了自己的人生经历。

布德里说他小时候很想当科学家，因为家境贫穷父母无法送他上学，他只得跟一个街头艺人过起了卖唱的日子。最后，他说，人生在世，现实与理想总是有一定的距离，在理想与现实之间，人首先要选择生存。只有好好地活下来，才能让理想之星闪闪发光。一个连自己的生命都不珍惜的人，是不配谈艺术的。布德里的回信让皮尔猛然醒悟。后来，他努力学习缝纫技术，从23岁那年起，他在巴黎开始了自己的服装事业，后来他便建立了自己的公司和服装品牌。他就是著名的时装设计师皮尔·卡丹。

认真读书

同学们，学校是个读书的地方，认真读书是同学们最该干的事情。有些同学谈到读书，谈到吃苦，犹如谈虎色变，避之唯恐不及。最不应该出现的现象：一帮不学无术的女孩聚在一起，号称所谓的姐妹，以为有了姐妹就有了全世界，在一起聊吃的、聊穿的、聊化妆品，想的是网上购物、刷微信、刷微博、追韩剧；一帮无所事事的男孩聚在一起，号称所谓的哥们儿，以为有了哥们儿就有了天下，在一起逃课、抽烟、打扑克、玩游戏、看玄幻甚至约架，以为这就是疯狂，这就是该有的青春。

马云在《不吃苦，你要青春干吗》演讲中说过："当你不去拼一份奖学金，不去过没试过的生活，整天挂着QQ、刷着微博、逛着淘宝、玩着网游，干着人80岁都能做的事，你要青春干吗？"

恰同学少年，在你最能学习的时候选择恋爱，在你最能吃苦的时候选择安逸，自恃年少，却韶华倾负，不知道青春易逝，再无少年之时。读书虽然不能带给我们更多的财富，但它可以给我们带来更多的机会！

可能有的同学会问："我现在努力读书，还来得及吗？"同学们，只要是读书，不管什么时候都不会晚。40岁的柳传志不问来不来得及，最终他缔造了联想集团；高考三次落榜的俞敏洪不问来不来得及，最终考上北大并打造了"教育航母"——新东方；经过两次创业失败的马云不问来不来得及，最终他书写了电商传奇，改变了世界。所以，我们不能在该读书的时候选择放弃，而是要在该读书的年纪珍惜和努力。

苏洵发奋读书

北宋时期，四川有一个名叫苏序的人，从小不爱读书，晚年却读起书来，还写了不少诗。苏序有三子，依序是苏澹、苏涣、苏洵。苏澹和苏涣都以文学举进士，苏涣更是进士及第。两个哥哥高中进士，应该对苏洵来说是一个有力的鞭策，但是苏洵还是游荡四方，不用功读书。

苏洵18岁时赴京赶考，名落孙山，19岁结婚以后干脆就不再读书了。苏洵的妻子程氏，是大理事承程文应之女，出身书香门第，受过良好的教育，颇有文化修养。她对苏洵的所作所为非常忧心，常常为此闷闷不乐，担心她的夫君会从此断送了前程。

苏洵也察觉到了妻子的忧虑，开始悔改少时不学之过。27岁的时候，他终于幡然悔悟，终日端坐，奋发力学，不再出游。苏洵在29岁时再度赴京考进士没有考中。37

岁时，宋仁宗举办特考，他再度赴试，还是没有考上。就在此时，他在异乡接到父亲苏序的死讯，急急赶回家中奔丧，心中非常难过。

常人受到这样的刺激，通常都会放弃读书，但是苏洵却由此领悟到，人不应该为了考试而读书，故此绝意功名，不再走科举之路，开始为读书而读书了。苏洵毅然烧掉过去为考试而做的几百篇文章，重新阅读古书。

他忽然发现不为考试而读书，书中的精华反而尽赴眼底，真正尝到了读书的乐趣。苏洵如此用功八年，前五年养精蓄锐，不写一文。五年之后，方才动笔将心中的所积所感一吐为快。他的文章文风古朴、文理深邃、文意幽远，得到欧阳修等文坛领袖的赏识。

嘉祐元年，苏洵亲自带着两个儿子进京赴试，一举成功，双双及第。

两个儿子的成功，很大程度上得力于父亲纯朴的文风。苏洵与苏轼、苏澈成为我国文学史上继“三曹”以后的“三苏”，成为唐宋八大家中的三家。

同学们，读书不分先后，努力没有早晚，拼搏终有收获，人生不枉此行。《三字经》言：“苏老泉，二十七，始发奋，读诗书。”只要努力，任何时候读书都不会晚。汉代刘向在《说苑·建本篇》中讲了这样一个故事。

秉烛夜读

晋平公问师旷曰：“吾年七十，欲学恐已暮矣。”师旷曰：“何不秉烛乎？”平公曰：“安有为人臣而戏其君乎？”师旷曰：“臣安敢戏其君乎？臣闻之：少而好学，如日出之阳；壮而好学，如日中之光；老而好学，如秉烛之明。秉烛之明，孰与昧行乎？”平公曰：“善哉！”

青少年好学，像太阳初升，光芒四射；壮年好学，像中午的阳光，明媚而艳丽；老年好学，像燃着的蜡烛，也会放出一缕光明。从古至今，有许许多多鬓发花白的老年人依然勤奋地读书学习，不因年华的老去而停步不前，而是活到老、学到老。学习不分早晚，人生永远走在学习的路上。

据资料记载，乾隆元年（1736年），80岁以上参加科举考试的有3人，70岁以上的有40人；乾隆二十六年（1761年）的应试者中，80岁以上的有7人，70岁以上的19人；乾隆五十四年（1789年）乡试，80岁以上的达94人。第二年会试，90岁以上的有4人，80岁以上的有73人。清嘉庆六年（1801年），80岁以上的乡试考生竟达251人。次年会试，70岁至90岁的举人达到180人，95岁以上的还有6人。最让人敬佩的是清康熙三十八年（1699年），广东的黄章100岁时参加科举考试，凌晨开始向考场走，由他的曾孙提灯开路，灯上写着“百岁观场”四个大字。

适应环境

同学们进入新学校，人生走入新阶段，需要适应环境变化，既要顺势而行，也要顺势而为。在接受学校环境熏陶的同时，也要通过自己的行动创造好的班风、学风、校风。

寻找水的形状

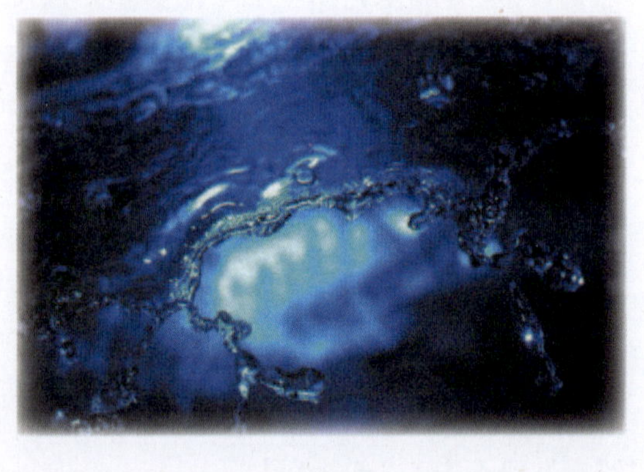

有一个人在社会上总是落魄，不得志，有人便向他推荐了一位智者，于是，他找到智者。智者沉思良久，默然舀起一瓢水，问：“这水是什么形状？”这人摇头：“水哪有什么形状？”智者不答，只是把水倒入杯中，这人恍然道：“我知道了，水的形状像杯子。”智者不语，又把杯子中的水倒入旁边的花瓶，这人又道：“我知道了，水的形状像花瓶。”智者摇头，轻轻提起花瓶，把水缓缓倒入一个盛满沙土的盆里。清清的水一下融入沙土，不见了。这人陷入了沉默与思索。智者低身抓起一把沙土，叹道：“看，水就这么消失了，这也是一生！”这个人对智者的话咀嚼良久，高兴地说：“我知道了，您是通过水告诉我，社会各处如同一个个规则的容器，人应该像水一样，盛进什么容器就是什么形状。”这人说完，紧盯着智者的眼睛，急于想得到智者的肯定。“是这样，”智者捋须，转而又说：“又不是这样！”说完，智者出门，这人随后。在屋檐下，智者俯下身，手在青石板的台阶上摸了一会儿。这人把手指伸向刚才智者手指所触之地，他感到有一个凹处。他迷惑，他不知道这本来平整的石阶上的“小窝”藏着什么玄机。智者说：“一到雨天，雨水就会从屋檐落下，看，这个凹处就是水落下的结果。”此人遂大悟：“我明白了，人可能被装入规则的容器，但又像这小小的水滴，改变着这坚硬的青石板，直到破坏容器。”智者说：“对，这个窝会变成个洞！我们生活在这个世界上，常常会被身边的环境所左右，让人难以肯定自己，只要有一颗坚韧的心，努力适应所处的环境，成功就会向你慢慢靠近，否则就会被环境淘汰。能屈能伸，才是真正的强者。”

适应学校环境，自觉遵守学生规则是学校生活的前提条件。《中学生日常行为规范》集中体现了对中学生思想品德和日常行为的基本要求，对同学们树立正确的理想信念、养成良好行为习惯、促进身心健康发展起着重要作用。下面是国家对高中学生的行为规范，你能做到吗？

中学生日常行为规范

一、自尊自爱，注重仪表

1.维护国家荣誉，尊敬国旗、国徽，会唱国歌，升降国旗、奏唱国歌时要肃立、脱帽、行注目礼，少先队员行队礼。

2.穿戴整洁、朴素大方，不烫发，不染发，不化妆，不佩戴首饰，男生不留长发，女生不穿高跟鞋。

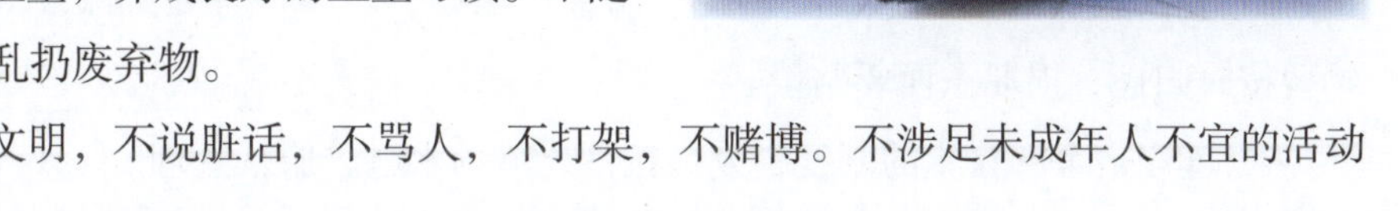

3.讲究卫生，养成良好的卫生习惯。不随地吐痰，不乱扔废弃物。

4.举止文明，不说脏话，不骂人，不打架，不赌博。不涉足未成年人不宜的活动和场所。

5.情趣健康，不看色情、凶杀、暴力、封建迷信的书刊、音像制品，不听不唱不健康歌曲，不参加迷信活动。

6.爱惜名誉，拾金不昧，抵制不良诱惑，不做有损人格的事。

7.注意安全，防火灾、防溺水、防触电、防盗、防中毒等。

二、诚实守信，礼貌待人

8.平等待人，与人为善。尊重他人的人格、宗教信仰、民族风俗习惯。谦恭礼让，尊老爱幼，帮助残疾人。

9.尊重教职工，见面行礼或主动问好，回答师长问话要起立，给老师提意见态度要诚恳。

10.同学之间互相尊重、团结互助、理解宽容、真诚相待、正常交往，不以大欺小，不欺侮同学，不戏弄他人，发生矛盾多做自我批评。

11.使用礼貌用语，讲话注意场合，态度友善，要讲普通话。接受或递送物品时要起立并用双手。

12.未经允许不进入他人房间、不动用他人物品、不看他人信件和日记。

13.不随意打断他人的讲话，不打扰他人学习工作和休息，妨碍他人要道歉。

14.诚实守信，言行一致，答应他人的事要做到，做不到时表示歉意，借他人钱物要及时归还。不说谎，不骗人，不弄虚作假，知错就改。

15.上、下课时起立向老师致敬，下课时，请老师先行。

三、遵规守纪，勤奋学习

16.按时到校，不迟到，不早退，不旷课,不缺课。

17.上课专心听讲，勤于思考，积极参加讨论，勇于发表见解。

18.认真预习、复习，主动学习，按时完成作业，考试不作弊。

19.积极参加生产劳动和社会实践，积极参加学校组织的其他活动，遵守活动的要求和规定。

20.认真值日，保持教室、校园整洁优美。不在教室和校园内追逐打闹喧哗，维护学校良好秩序。

21.爱护校舍和公物，不在黑板、墙壁、课桌、布告栏等处乱涂改刻画。借用公物要按时归还，损坏东西要赔偿。

22.遵守宿舍和食堂的制度，爱惜粮食，节约水电，服从管理。

23.正确对待困难和挫折，不自卑，不嫉妒，不偏激，保持心理健康。

四、勤劳俭朴，孝敬父母

24.生活节俭，不互相攀比，不乱花钱。

25.学会料理个人生活，自己的衣物用品收放整齐。

26.生活有规律，按时作息，珍惜时间，合理安排课余生活，坚持锻炼身体。

27.经常与父母交流生活、学习、思想等情况，尊重父母意见和教导。

28.外出和到家时，向父母打招呼，未经家长同意，不得在外住宿或留宿他人。

29.体贴帮助父母长辈，主动承担力所能及的家务劳动，关心照顾兄弟姐妹。

30.对家长有意见要有礼貌地提出，讲道理，不任性，不要脾气，不顶撞。

31.待客热情，起立迎送。不影响邻里正常生活，邻里有困难时主动关心帮助。

五、严于律己，遵守公德

32.遵守国家法律，不做法律禁止的事。

33.遵守交通法规，不闯红灯，不违章骑车，过马路走人行横道，不跨越隔离栏。

34.遵守公共秩序，乘公共交通工具主动购票，给老、幼、病、残、孕及师长让座，不争抢座位。

35.爱护公用设施、文物古迹，爱护庄稼、花草、树木，爱护有益动物和生态环境。

36.遵守网络道德和安全规定，不浏览、不制作、不传播不良信息，慎交网友，不进入营业性网吧。

37.珍爱生命，不吸烟，不喝酒，不滥用药物，拒绝毒品。不参加各种名目的非法组织，不参加非法活动。

38.公共场所不喧哗，瞻仰烈士陵园等相关场所保持肃穆。

39.观看演出和比赛，不起哄滋扰，做文明观众。

40.见义勇为，敢于斗争，对违反社会公德的行为要进行劝阻，发现违法犯罪行为及时报告。

明确目标

同学们知道读书重要、遵守规则必要，对自己有了正确定位后，需要规划自己的未来，确定人生奋斗目标。没有坚定的目标，天才也会在迷途中丧失方向，徒劳无功。爱因斯坦说，在一个崇高的目标支持下，不停地努力，即使慢，也一定会获得成功。

一份哈佛大学的报告

某一年，哈佛大学对应届毕业生做了一个调查。调查的内容为：你们中的多少人有明确的人生目标？调查的结果是这样的：

3%的毕业生，有清晰长远的规划；

10%的毕业生，有比较清晰的短期目标；

60%的毕业生，目标模糊；

27%的毕业生，没有明确的目标。

25年后，哈佛大学再次对这群学生进行了调查。结果是：

有清晰长远规划的3%的人，25年间朝着一个方向不懈努力，几乎都成为社会各界的成功人士，其中不乏行业领袖、社会精英；

有短期目标的10%的人，他们的短期目标不断地实现，大都成为各个领域中的专业人士，大都生活在社会的中上层；

目标模糊的60%的人，他们安稳地生活与工作，大部分没有什么特别成绩；

剩下的27%的人，他们的生活没有目标，过得很不如意，并且常常在抱怨他人、抱怨社会、抱怨这个不肯给他们机会的世界。

这份报告说明这些同学之间的差别不在于学历、能力、环境，而是一定程度上在于是否对自己的人生提前进行了规划，并不断朝着目标努力。

猎人的目标

父亲带着三个儿子到草原上猎杀野兔。在到达目的地，一切准备得当，开始行动之前，父亲向三个儿子提出了一个问题：“你看到了什么呢？”

老大回答道：“我看到了我们手里的猎枪、在草原上奔跑的野兔，还有一望无际的草原。”父亲摇摇头说：“不对。”

老二的回答是：“我看到了爸爸、大哥、弟弟、猎枪、野兔，还有茫茫无际的草原。”父亲又摇摇头说：“不对。”

而老三的回答只有一句话：“我只看到了野兔。”这时父亲才说：“你答对了。”

有了明确的目标，才会为行动指出正确的方向，才会在实现目标的道路上少走弯路。事实上，漫无目标或目标过多，都会阻碍我们前进，要实现自己的心中所想，如果不切实际，最终可能一事无成。同学们，规划好未来，向着目标勇往直前，没有什么能够阻挡你们。

走入课堂

鸟要高飞先振翅，人要上进先读书。

——李苦禅

学习，是通过阅读、听讲、思考、研究、实践等途径获得知识或技能的过程，是个体可以得到持续变化的行为方式。真正的学习会带来外在行为的变化。

从生物学意义上讲，学习是个体适应环境、与环境保持动态平衡的重要手段。学习在低等动物身上的作用是很微弱的。随着物种进化水平的提高，学习能力及学习在生活中的作用都不断提高。人是一个学习的动物，学习一方面可以促进人的生理方面的生长、成熟，另一方面可以促进个体的心理发展，使人类个体从一个生物实体发展成为一个能适应社会生活的社会成员。随着人类社会的不断进步与发展，学习在其中的作用更为突出，学习的社会意义更为显著。

随着科学技术日新月异的变化，社会变迁的加剧、社会形态的演变以及生活的转变，使得人类正处于一个巨变的时代，当今社会是一个学习型社会，终身学习已成为必然。我国有句俗语，“活到老，学到老”，终身学习是促进个人发展、组织变革与社会进步的必备动力。

同学们走进课堂，进行学习，要做好以下几点。

端正学习态度

态度决定一切。要学习就要喜欢学习、愿意学习，为学习做好准备，这是一切学习行为的前提条件。讨厌学习、拒绝学习，学习活动就无法进行。

毛泽东在求学时曾写过一首诗：“孩儿立志出乡关，学不成名誓不还。埋骨何须桑梓地，人生无处不青山。”抒发了他发愤图强的远大抱负和四海为家的广阔胸怀，为我们树立了榜样，也激励着我们努力学习。

宋濂冒雪访师

明朝著名散文家、学者宋濂自幼好学，不仅学识渊博，而且写得一手好文章，被明太祖朱元赞誉为“开国文臣之首”。宋濂很爱读书，遇到不明白的地方总要刨根问底。有次，宋濂为了搞清楚一个问题，冒雪行走数十里，去请教已经不收学生的梦吉老师，但老师并不在家。

宋濂并不气馁，而是在几天后再次拜访老师，但老师并没有接见他。因为天冷，宋濂和同伴都被冻得够呛，宋濂的脚趾都被冻伤了。当宋濂第三次独自拜访的时候，掉入了雪坑中，幸被人救起。当宋濂到达时，几乎晕倒在老师家门口，老师被他的诚心所感动，耐心解答了宋濂的问题。在《送东阳马生序》中，宋濂描述了自己求学的情景：“当余之从师也，负箧曳屣，行深山巨谷中，穷冬烈风，大雪深数尺，足肤皲裂而不知。至舍，四支僵劲不能动，媵人持汤沃灌，以衾拥覆，久而乃和。”

后来，宋濂为了求得更多的学问，不畏艰辛困苦，拜访了很多老师，最终成为闻名遐迩的学者。

求学关键在一个“求”字，这个“求”是学生在求学，而不是家长求学生去学校上学，更不是老师求学生来课堂学习。学习态度是学习的关键，好的学习态度才会有好的学习活动和学习效果。

养成良好习惯

休谟说，习惯是人生的伟大指南。巴金认为，孩子的成功教育从好习惯培养开始。1978年，75位诺贝尔奖获得者齐聚巴黎，有人问他们：“你们在哪里学到了自己认为最重要的东西？”学者们出人意料地回答：“在幼儿园。”又问：“在幼儿园您学到了什么?”学者们回答:“比如,把自己的东西分一半给小伙伴们;不是自己的东西不要拿,东西要放整齐;饭前要洗手;午饭后要休息;做了错事要表示歉意;自己的事情自己做;学习要多思考,要仔细观察大自然。”科学家普遍都认为在学校养成的良好习惯让他们终身受益。要想学习好,就要形成良好的学习习惯,习惯是能力的重要组成部分,因为人的行为大部分是由习惯决定的。

大象和锁链

一根小小的柱子,一截细细的链子,拴得住一头千斤重的大象?没错,这景象在印度和泰国随处可见。一条细细的铁链,就能拴住千斤大象。原来,训象人在大象还很小的时候,就将其用一条铁链拴住,小象力弱,自然无法挣脱。时间长了,逐渐长大的小象便习惯性认为细细的铁链无法挣脱。

拴住小象的是铁链,困住大象的则是习惯性思维定式。习惯对动物的影响如此,对人的影响同样巨大。

尤金的故事

有个病人叫尤金,71岁,由于病毒性脑炎丧失了近30年的记忆,同时新的记忆也不再形成。但尤金的生活没有受到太大的困扰,虽然他在研究人员面前无法指出哪扇门通往自己家的厨房,但是当他饿了的时候,他会直接走进厨房并找到吃的,事后他声称自己也不知道怎么回事。尤金也可以自己逛街并最终走回来,只要街边的标志性物品(比如一个邮筒,一个路牌)没有发生变化。

是习惯的力量,让尤金在失忆后还能过着正常的生活。习惯对我们的生活到底会产生什么样的影响,这点从尤金身上可以得到很好的说明。当你走路、系鞋带、刷牙的时候,你不会一直思考下一步该怎么做,而是自动就做出了那些动作。这是我们大脑的一种有效运行机制。好的学习习惯对学习非常重要,13岁就成为中国科技大学大学生的天才少年周峰，在谈到自身成功的秘诀时，总是认为是良好的学习习惯成就了自己。据说周峰有两个好的学习习惯：一是量化的学习习惯。他每天分别记忆汉字、英语单词各10个，即使是走亲戚串门也从不间断。一年下来，3000多个汉字记住了，3000多个英语单词也记住了。二是定时学习的习惯。该学习的时候学习，该玩的时候玩，自觉性极强，不需要别人提醒。

掌握科学方法

有一个众人皆知的故事。古代有一位能点石成金的仙人。有一次，这位仙人碰到一个穷汉，就将路旁的一块石头点成金子送给他，不料这个穷汉竟拒绝了这种恩施。穷汉对仙人说："你给的金子，我总是要用完的，还是把你点石成金的方法教给我吧！"这个故事给我们一个启示：金子固然宝贵，但更可贵的是获得金子的方法。引申到学习中来，可以这么说：知识和能力固然重要，但更重要的是获取知识和发展能力的方法。有了科学的学习方法，即使没有了老师，照样可以独立地去获取新知识和不断增长能力。伟大的物理学家爱因斯坦提出一个公式：A＝X＋Y＋Z。A代表成功，X代表艰苦劳动，Y代表正确的方法，Z代表少说废话。这同样告诉我们，要想在学习上取得优异成绩，要靠学习方法。

穷人的故事

有个故事，说的是一个穷人，生活很穷困，一个富人见他可怜，就起了善心，想帮他致富。

富人送给他一头牛，要他用牛好好开荒，等春天来了播上种子，秋天就可以有好的收获。于是穷人满怀希望地开始奋斗，可是没过几天，牛要吃草，人要吃饭，日子比过去还难。穷人就想不如把牛卖了，买几只羊，先杀一只吃，剩下的还可以生小羊，长大了拿去卖，可以赚更多的钱。穷人如愿以偿，只是吃了一只羊之后，小羊迟迟没有生下来，日子又艰难了，忍不住又吃了一只。穷人想：这样下去不是办法，不如把羊卖了，买成鸡，鸡生蛋的速度要快一些，鸡蛋立刻可以卖钱，日子立刻可以好转。穷人又如愿以偿了，但是日子并没有改变，过一段时间日子又艰难了，他又忍不住杀鸡，终于杀到只剩一只鸡时，穷人的理想彻底破灭了。他想：致富是无望了，不如把最后一只鸡卖了，打一壶酒，三杯下肚，万事不愁了。

很快春天来了，发善心的富人兴致勃勃送来种子，竟然发现穷人正就着咸菜喝酒，牛早就没有了，房子里依然一贫如洗。富人转身走了，穷人仍然一直穷着。

凡事预则立，不预则废。学习也是一样，需要有详细的科学的学习计划，并不断坚持下去，这是重要的学习方法和能力。

学好基础课程

职业教育比较重视专业课程。但是语文、数学、英语这些基础课程，关系到个人素质的提高，是同学们要学好的必修课程。

贪心的商人

有个贪心的商人，整天都想发财。一天，他在路上遇到了一位魔法师。魔法师说："我这里有一个神奇的盒子，只要把金币放到这盒子里后数到10，金币就会变成原来的2倍。但是每次你要付给我80个金币作为盒子使用费。"

商人听后，心想：发财的机会终于到了。他与魔术师约定：每变一次，商人都付给魔术师80个金币作为盒子使用费。于是，商人将口袋里所有的金币全都放进魔术师的盒子里，然后从1数到10，再打开盒子一看，哇！钱真的翻倍了。

商人十分高兴，取出钱后，立刻付给魔法师80个金币。接着商人又将其余的金币都放进魔术师的盒子里，商人的钱又翻倍了，魔法师又得到了80个金币。商人接着又放入第三笔钱，钱又加倍了。但这次的商人在付给魔法师80个金币后，他自己却成了一个身无分文的穷光蛋。

这个故事让我们明白了学习数学的必要性。数学课虽然抽象、难学，但是却有价值。生活中往往是这样：某些东西得到它越是困难，其价值就越大。

错别字的故事

清朝某年科考，题目为"昧昧我思之"（《尚书·秦誓》有"昧昧我思之"这句话），一位秀才粗心大意，竟把试题"昧昧我思之"抄成了"妹妹我思之"。一字之差，谬之千里。考官见后不禁大笑，于是在批语中即席对出一联"哥哥你错了"，成了历史上的大笑话。

李鸿章是清末名臣。一次，他有个远房亲戚赴考。这个人不学无术，接到试卷一看，竟然一题也不会答。此时他灵机一动，突然想到自己是当朝中堂大人李鸿章的亲戚，于是在试卷上写道："我是当朝中堂大人李鸿章的亲妻。"这个不学无术的亲戚竟然将"戚"写成了"妻"。主考官看了哈哈大笑，于是在试卷上批道："既是中堂大人的亲妻，我不敢娶(取)。"因此，这个亲戚还是落第了。

20世纪80年代初期，一家百货公司降价销售一批袜子，贴了一个广告："我公司销售一批减价妹子，由于数量不多，请欲购买者速来联系。"这一消息在当地传开，引起了轰动：百货公司是国有企业，不但单位好，而且漂亮的姑娘也多，一些小伙子就蜂拥而来，去找该公司的女售货员，弄得公司不得安宁，被经理知道后，追究下来，小伙子们拉着经理去看广告，才发现是把"袜子"写成了"妹子"。

这些皆为语文学不好闹出的笑话。作为中国人，学好汉语是最基本的素质要求。语文学不好，写个请假条都出现好几个错别字，是多么不应该的事情。

同学们走进学校，就要好好学习；走进课堂，就要好好读书。颜真卿说："三更灯火五更鸡，正是男儿读书时。黑发不知勤学早，白发方悔读书迟。"读书能让一个人站得更高，看得更远，读书使人明智，使人充实。世纪老人冰心先生也曾说："读书好，好读书，读好书。"让我们发奋读书吧！

文明礼貌

凡人之所以贵于禽兽者，以有礼也。

——《晏子春秋》

文明是历史上沉淀下来的，有益于增强人类对客观世界的适应和认知，符合人类精神追求、能被绝大多数人认可和接受的人文精神、发明创造以及公序良俗的总和。文明是使人类脱离野蛮状态的所有社会行为和自然行为构成的集合，这些集合至少包括了以下要素：家族观念、工具、语言、文字、信仰、法律、城邦和国家等。

汉语中的“文明”一词，有学者说最早出自《易经》，曰“见龙在田、天下文明”（《易·乾·文言》）。在现代汉语中，文明指一种社会进步状态，与“野蛮”一词相对立。

文明礼貌是现代社会的重要标志，孔子说：“不学礼，无以立。”

举止文明

在校园内偶尔会见到与美丽的校园极不和谐的纸屑、食品袋、方便面盒等。有同学认为，反正有值日的同学和清洁工打扫，扔了又何妨！

2002年日本广岛亚运会结束的时候，6万人的会场上竟没有一张废纸。全世界报纸都登文惊叹：“可敬、可怕的日本！”社会越文明，国家就越进步和强大。中国要实现民族伟大复兴，一定加强文明建设。

福特求职

美国有个福特汽车公司，其创始人福特大学毕业后，去一家汽车公司应聘。和他同时应聘的三四个人都比他学历高，他觉得自己没有什么希望了。但既来之，则安之，他敲门走进了董事长办公室，一进办公室，他发现门口地上有一张纸，弯腰捡了起来，发现是一张渍纸，便顺手把它扔进了废纸篓里。然后才走到董事长的办公桌前，说：“我是来应聘的福特。”

董事长说：“很好，很好！福特先生，你已被我们录用了。”

福特惊讶地说：“董事长，我觉得前几位都比我好，你怎么把我录用了？”

董事长说：“福特先生，前面三位的确学历比你高，而且仪表堂堂，但是他们眼中只能看见大事而看不见小事。你的眼睛能看见小事，我认为能看见小事的人，将来自然能看到大事。一个只能看见大事的人，他会忽略很多小事，是不会成功的。所以，我才录用你。”

福特就这样进了这个公司，这个公司不久就扬名天下，福特把这个公司改为福特公司，也相应改变了整个美国的国民经济状况，使美国汽车产业在世界上独占鳌头。

扔一片废纸，污染一片净土；捡一片垃圾，还世界一片美好。一纸一屑煞风景，一举一动显文明。举止体现修养，细节关乎成败。福特捡一片废纸求职成功的故事充分彰显出举止文明的价值。

李鸿章吐痰被罚款

在晚清外交史上，清末大臣、洋务派和淮军首领李鸿章占据重要位置，尤其是他晚年的环球考察给后人留下了众多话题。他在华盛顿国立图书馆抽烟被禁止，后来在图书馆大门前吐了一口痰，被责令擦掉，还被罚了款。那是1896年8月，李鸿章出访欧美，对美国进行了一次访问，就是在这次访问中，遇到了吐痰被罚款的尴尬事。《晚清外交的一面旗帜：李鸿章与淮军》一书为我们真实记录了当年的尴尬场面：在美国华盛顿国立图书馆，李鸿章颇为难堪。起初是不让他在图

书馆内抽烟，这让李鸿章颇感不快。要知道，在国内他当着慈禧太后的面都敢抽烟。憋了一肚子气出门后，他“啪”的一口痰吐在图书馆大门前。于是，两个值班的工作人员立即将他拦住，责令他去擦。李鸿章哪会听从，他示意随从帮他擦，但值班的工作人员不同意。结果，以罚款了结。

东汉天文学家张衡说：“不患位之不尊，而患德之不崇。”李鸿章是晚清重臣，在外交时，因随地吐痰的不文明举止受到处罚，损害了个人的声誉，影响了中华民族五千年文明古国的国家形象。由此可见，举止文明是多么的重要，任何人都需要重视文明建设，不断提高自身素养。

礼貌待人

我国是历史悠久的文明古国，几千年来创造了灿烂的文化，形成了高尚的道德准则、完整的礼仪规范，被世人称为“文明古国，礼仪之邦”。《春秋左传正义》云：“中国有礼仪之大，故称夏；有服章之美，谓之华。”礼仪文明作为中国传统文化的一个重要组成部分，对中国社会历史发展起了广泛深远的影响。

女人和儿子

一个40多岁的优雅女人领着儿子走进某著名企业总部大厦楼下的花园，在一张长椅上坐下来吃东西。

不一会儿，妇女往地上扔了一个废纸屑，不远处有位老人正在修剪花木，他什么话也没有说，走过去捡起那个纸屑，把它扔进了一旁的垃圾箱里。过了一会儿，妇女又扔了一个，老人再次走过去把那个纸屑捡起扔到了垃圾箱里……就这样老人一连捡了三次。

妇女指着老人对儿子说：“看见了吧，你如果现在不好好上学，将来就跟他一样没出息，只能做这些卑微低贱的工作。”老人听到后，放下剪刀过来说：“你好，这里是集团的私属花园，你是怎么进来的？”中年女人高傲地说：“我是刚被聘来的部门经理。”

这时一名男子匆匆走过来，恭恭敬敬地站在老人面前，对老人说：“总裁，会议马上就要开始了。”老人说：“我现在提议免去这位女士的职务！”“是，我立刻按您的指示去办！”那人连声应道。

老人吩咐完后径直朝小男孩走去，他伸手抚摸了一下男孩的头，意味深长地说：

“我希望你明白，在这世界上最重要的是要学会尊重每一个人和每个人的劳动成果。”

中年女人看着眼前发生的事情惊呆了，一下子瘫坐在长椅上。

礼仪是人类为维系社会正常生活而要求人们共同遵守的最起码的道德规范，它在人们在长期共同生活和相互交往中逐渐形成的，并且以风俗、习惯和传统等方式固定下来。对一个人来说，礼仪是一个人的思想道德水平、文化修养、交际能力的外在表现，对一个社会来说，礼仪是一个国家社会文明程度、道德风尚和生活习惯的反映。孟子说：“敬人者，人恒敬之。”故事中的女主人公乱扔垃圾，对待老人极不礼貌，为此付出了代价。

无礼

古时候，有个年轻人骑马赶路，眼看已近黄昏，可是前不着村，后不着店。正在着急，忽见一位老汉从这儿路过，他便在马背上高声喊道：“喂，老头儿！离客店还有多远？”老人回答：“五里！”年轻人策马飞奔，急忙赶路去了，结果一口气跑了十多里，仍不见人烟。他暗想，这老头儿真可恶，说谎骗人，非得回去教训他一下不可。他一边想着，一边自言自语道：“五里、五里，什么五里！”猛然，他醒悟过来了，这个“五里”，不是“无礼”的谐音吗？于是掉转马头往回赶。碰上了那位老人，他急忙翻身下马，恭敬地叫了声：“老伯！”话没说完，老人便说：“客店已走过头了，如不嫌弃，可到我家一住。”

赫拉克利特说，礼貌是有教养的人的第二个太阳。要礼貌待人，莫以貌取人，这既是一种修养，同时也有助于事业成功。

谦恭礼让

孔融让梨

孔融（153—208），鲁国（今山东曲阜）人，东汉末年著名的文学家，“建安七子”之一，他的文学创作深受魏文帝曹丕的推崇。

据史书记载，孔融幼时不但非常聪明，而且还注重兄弟之礼、互助友爱。孔融四岁的时候，常常和哥哥一块吃梨。每次，孔融总是拿一个最小的梨子。有一次，父亲看见了，问道：“你为什么总是拿小的而不拿大的呢？”孔融说：“我是弟弟，年龄最小，应该吃小的，大的还是让给哥哥吃吧！”

孔融小小年纪就懂得兄弟姐妹相互礼让、相互帮助、团结友爱的道理，使全家人都感到欣喜。从此，孔融让梨的故事也就流传千载，成为团结友爱的典范。

张良拜师

张良是西汉高祖刘邦的军师，他的祖先是韩国人。传说在秦灭韩后，张良立志为韩国报仇。有一次，他因刺杀秦始皇未遂，受到追捕逃到下邳。张良在下邳闲暇无事，有一天在桥上散步，碰到一个老人，穿着粗布短衣。他走到张良旁边，故意把鞋子掉到桥下，然后对张良说：“年轻人，下桥去给我把鞋子拾上来。”张良听了一愣，很想拒绝，但是一看他是个老人，就强忍着怒气，到桥下把鞋拾了上来。那老人竟又命令说：“把鞋子给我穿上。”张良一想，既然已经给他拿来了鞋子，不如就给他穿上吧，于是就跪在地上给他穿。那老人把脚伸着，让张良给他穿好后，就笑嘻嘻地走了。那老人走了不远，又折回身来，对张良说：“你这个孩子是能培养成才的。五天以后的早上，天一亮，就到这里来同我会面。”张良俯首说：“是。”

第五天天刚亮，张良到了桥上。不料那老人已经等在那里了，见了张良就生气地说：“和长者见面，怎能迟到？再过五天早上再来相会”说完就离去了。到第五天早上，鸡一叫，张良就赶了过去，可是那老人又等在那里了，见了张良又生气地说：“怎么又落在我后面了？过五天再早点来！”说完又走了。到第五天，张良没到半夜

就赶到了桥上，等了好久，那老人来了，他高兴地说："这样才好。"然后拿出一本书来，指着说道："认真研读这本书，就能做帝王的老师了。过10年，天下形势有变，你就会有机会立业了。13年后，你就会在济北谷城山下看到我，那儿有块黄石就是我了。"老人说完就走了。早上天亮时，张良拿出那本书来一看，原来是《太公兵法》（辅佐周武王伐纣的姜太公的兵书）。张良十分珍爱这本书，经常熟读，反复地学习研究。10年过去了，陈胜等人起兵反秦，张良也聚集了100多人响应，刘邦率领了几千人马，攻占了一些地方，张良就归附于他，成为他的部属。从此张良根据《太公兵法》经常向刘邦献计献策，后来成了刘邦运筹帷幄、决胜千里的军师。刘邦称帝后，封他为留侯。张良始终不忘那个给他《太公兵法》的老人。13年后，他随从刘邦经过济化时，果然在谷城山下看见有块黄石，并把它取回，称之为"黄石公"，作为珍宝供奉起来，按时祭奠。张良死后，家属把这块黄石和他葬在一起。

管子曰："礼义廉耻，国之四维，四维不张，国乃灭亡。"清朝学者颜元说过一段话对我们有着重要教育意义，他说："国尚礼则国昌，家尚礼则家大，身有礼则身修，心有礼则心泰。"

仪容仪表

仪容仪表是文明礼仪的重要内容，包含人的容貌、形体、服饰、举止等。有一位美国行为学家做过这样一个实验：当他以不同的仪表在同一个地点出现时，得到的反应却是迥然相异。当他以西装革履的绅士面孔出现在陌生人面前之时，任何一位陌生人都对他礼貌有加，他也显得颇有风范；当他打扮成一副流浪汉的模样之时，与他接近的大多数是些无业游民。在社会交往中，尽管人不可貌相，但人际交往中仪表可体现一个人的教养，一个人的素质可以在仪表中得到很好的体现，仪表端庄的人往往具有很好的教养。良好的第一印象是成功的一半，两个萍水相逢的人见面后，短短的几秒内就能形成第一印象，如果仪表不端，在交往中就会遇到问题。

刘邦见郦食其

刘邦最闪耀的优点就是识人辨才，人尽其用，弥补了自身不及秦皇汉武雄才伟略的不足。而郦食其就是刘邦手下不可缺少的一个重要人才，他是外交家、说客，一张嘴就可为刘邦攻城略地。然而刘邦与郦食其的第一次见面相当不愉快，刘邦瞧不起郦食其这个儒生，郦食其也痛骂刘邦的流氓样，那么为何后来事情发生反转，刘邦敬重郦食其并拜他为广野君了呢？

郦食其，战国末期人，郦蟠十一世孙，生于魏国陈留高阳，早年爱好读书，关注各国局势。魏景湣王三年（公元前225年）秋，秦国攻灭魏国，郦食其家贫落魄，沦为陈留门吏。胸中有丘壑的郦食其听说陈胜、项梁等起义军领袖都是一些斤斤计较、喜欢烦琐细小的礼节、刚愎自用、不能听大度之言的小人，因此他就深居简出，不去逢迎这些人。后来，他听说刘邦带兵攻城略地来到陈留郊外，刘邦部下的一个骑兵恰恰是郦食其邻里故人的儿子，刘邦时常向他打听他家乡的贤士俊杰。一天，这个骑兵回家，郦食其看到他，对他说道："我听说沛公刘邦傲慢而看不起人，但他有许多远大的谋略，这才是我真正想要追随的人，只是苦于没人替我介绍。你见到沛公，可以这样对他说：'我的家乡有位郦先生，年纪已有六十多岁，身高八尺，人们都称他是狂生，但是他自己说并非狂生。'"骑兵回答说："沛公刘邦并不喜欢儒生，许多人头戴儒生的帽子来见他，他就立刻把他们的帽子摘下来，在里边撒尿。在和人谈话的时候，动不动就破口大骂。所以您最好不要以儒生的身份去向他游说。"郦食其说："你只管按我教你的这样说。"骑兵回去之后，就按郦生嘱咐的话从容地告诉了刘邦。

后来刘邦来到高阳，在旅舍住下，派人去召郦食其前来拜见。郦食其来到旅舍，先递上自己的名片，刘邦正坐在床边伸着腿让两个侍女洗脚，就叫郦食其来见。郦食其进去，只是做个长揖而没有倾身下拜，并且说："您是想帮助秦国攻打诸侯呢，还是想率领诸侯灭掉秦国？"刘邦骂道："你个奴才相儒生！天下的人同受秦朝的苦已经很久了，所以诸侯们才陆续起兵反抗暴秦，你怎么说帮助秦国攻打诸侯呢？"郦食其说："如果您下决心聚合民众，召集义兵来推翻暴虐无道的秦王朝，那就不应该用这种倨慢不礼的态度来接见长者。"于是刘邦立刻停止了洗脚，整束衣裳，把郦食其请到了上宾的座位，并且向他道歉。郦食其谈了六国合纵连横所用的谋略，刘邦喜出望外，命人端上饭来，让郦食其进餐，然后问道：“那您看今天我们的计策该怎么制定呢？”郦食其说道：“您把乌合之众、散乱之兵收集起来，总共也不满一万人，如果以此来直接和强秦对抗的话，那就是人们所常说的探虎口啊。陈留是天下的交通要道，四通八达的地方，现在城里又有很多存粮。我和陈留的县令很是要好，请您派我到他那里去一趟，让他向您来投降。他若是不听从的话，您再发兵攻城，我在城内又可以作为内应。”于是刘邦就派遣郦食其前往，自己带兵紧随其后，这样就攻取了陈留。

从这个故事我们可以看出：仪容、仪表首先能引起交往对象的特别关注，并影响到对方对自己的整体评价，其实际意义是非常重要的，甚至能决定一个人事业的成败。个人交际、个人事业的成功与否，自身的仪容仪表起着举足轻重的作用。在我们身边，一部分同学还存在着一些不注重仪容仪表的行为，个别同学有把头发染成五颜六色、穿耳钉、文身，升国旗时穿着拖鞋、大裤衩等不文明的行为，这严重影响着个人形象和集体形象。

松下幸之助理发

日本著名企业家松下幸之助有一次到一家理发室去理发。由于过度操劳与奔波，他带着一副疲惫的样子，衣冠不整地来到理发室。理发师看到他的形象后，语重心长地对他说：“你对自己的容貌修饰丝毫不重视，就如同将你的产品弄脏似的。作为公司的代表，你不注意形象，产品能够打开销路吗？”一句话将松下幸之助问得哑口无言。他将理发师的劝告牢记在心，从此后对自己的仪表十分重视。

仪容仪表是打通人脉王国的通行证。一个人仪表的好坏关系到个人形象，影响到事业的成败，因此，学会生存生活就要注重仪容仪表。

4 珍惜友谊

友谊是一个灵魂占据两个躯体

——亚里士多德

青少年时期是建立友谊的黄金时期，同学们在同一所校园、同一个班级、同一个宿舍，一起学习生活，志同道合，相互关爱，产生出深厚的同学情谊，这是人生宝贵的精神财富。

那么，什么是友谊呢?

友谊是人们在交往活动中产生的一种特殊情感。它与交往活动中所产生的一般好感是有本质区别的。友谊是一种来自双向关系的情感，即双方共同凝结的情感，任何单方面的示好，不能称为友谊。

友谊以亲密为核心成分，亲密性是衡量友谊程度的一个重要指标。罗杰斯对这种亲密性做了三点概括：

(1)能够向朋友表露自己的思想感情和内心秘密；

(2)对朋友充分信任，确信其“自我表白”将为朋友所尊重，不会被轻易外泄或用以反对自己；

(3)限于少数的密友或知己之间。

友谊有以下三个特征：

(1)尊重和信任；

(2)倾心交流(表露自己的秘密)；

(3)这种情感不是建立在物质利益基础上。

西塞罗说：“一个人，他的真正的朋友就是他的另一个自我。”友谊是出于一种本性的冲动，而不是出于一种求助的愿望。它是出自一种心灵的倾向，这种倾向与某种天生的爱的情感结合在一起，而不是出自对于可能获得的物质上的好处的一种精细的计算。

友情对人生是非常重要的。同学开心时为对方高兴，对方痛苦时为对方难过。在你悲伤无助的时候，友谊给你安慰与关怀；在你失望彷徨的时候，友谊给你信心与力量；在你成功欢乐的时候，朋友会分享你的胜利和喜悦。在人生旅途上，尽管有坎坷、有崎岖，但有朋友在，就能给你鼓励、给你关怀，并且帮你度过最艰难的岁月。

同学们珍惜友谊，愿友谊地久天长。但是如何让同学友谊长期保持下去呢？

分享共担

梁实秋说："只有神仙和野兽才喜欢孤独，人是要朋友的。假如一个人独自升天，看见宇宙的大观，群星的美丽，他并不能感到快乐，他必要找到一个人向他述说他所见的奇景，他才能快乐。"共享快乐，比共受患难，应该是更正常的友谊中的趣味，有快乐无人分享就是痛苦，有痛苦无人分担就是不幸。培根说："实际上，友谊的一大奇特的作用是：如果你把快乐告诉一个朋友，你将得到两个快乐；而如果你把忧愁向一个朋友倾吐，你将被分掉一半忧愁。"

信任包容

中国有句俗语，水至清则无鱼，人至察则无徒。人要获得友谊，需要包容对方的缺点和不足。朋友之间有矛盾是正常现象。匈牙利谚语说，友谊中的小争吵如在食物中加些胡椒粉，反而可以调节味道。非洲人说，朋友的一拳，胜过敌人的一吻。相互包容与信任，才能保持友谊地久天长。

真心朋友

有两个朋友在沙漠中旅行。某天，他们吵架了，一个人给了另外一个人一记耳光。被打的人觉得受辱，一言不语，在沙子上写下："今天我的好朋友打了我一巴掌。"然后他们继续往前走。就这样一直走到了沃野，他们决定停下休息，被打巴掌的那位口渴了，就去河边喝水，结果不小心滑进了水里差点淹死，幸好朋友及时赶到，把他救起来了。被救起后，他拿了一把小剑在石头上刻了：“今天我的好朋友救了我一命。”朋友好奇地问：“为什么我打了你以后，你要写在沙子上，而现在要刻在石头上呢？”另一个笑笑回答说：“当被一个朋友伤害时，要写在易忘的地方，风会负责抹去它；相反，如果被帮助，我们要把它刻在心灵深处，那里任何东西都不能抹去它。”朋友的相互伤害往往是无心的，帮助却是真心的，忘记那些无心的伤害，铭记那些对你真心的帮助，你会发现这世上你有很多真心的朋友。

尊重关心

只有尊重对方的人格，才会在平等基础上产生真正的友谊。只有关心对方的工作、生活，帮助对方克服人生中的困难，才能产生真正的感情。

管鲍之交

管仲年轻时就结识了鲍叔牙，起初二人合伙做点买卖，因为管仲家境贫寒就出资少些，鲍叔牙出资多些。生意做得还不错，可是有人发现管仲用挣的钱先还了自己欠的一些债，这钱还没入账就给花了，更可气的是，到年底分红时，鲍叔牙分给他一半的红利，他还欣然接受了。

这可把鲍叔牙手下的人气坏了，有个人对鲍叔牙说：“管仲出资少，平时开销又大，年底还照样和您平分红利，显然是个十分贪财的人，要是我是管仲的话，我一定不会厚着脸皮接受这些钱的。”

鲍叔牙斥责他手下道：“你们满脑子里装的都是钱，就没发现管仲的家里十分困难吗？他比我更需要钱，我和他合伙做生意就是想要帮帮他，我情愿这样做，此事你们以后不要再提了。”

后来这哥俩又一起充了军，二人更是相依为命。

有一次齐国和邻国开战，双方军队展开了一场大厮杀，冲锋的时候管仲总是躲在最后，跑得很慢，而退兵的时候，管仲却跟飞一样奔跑。当兵的都耻笑他，说他贪生怕死，领兵的想杀一儆百拿管仲的头恐吓那些贪生怕死的士兵。

关键时刻又是鲍叔牙站了出来（此时鲍已当上了军官），他替管仲辩护道："管仲的为人我是最了解不过了，他家有80多岁的老母亲无人照顾，他不能不忍辱含羞地活着以尽孝道。"管仲听了鲍叔牙的这番话，感动地流下了热泪，他哭诉道："生我的是父母，而了解我管仲的，唯有鲍叔牙啊！"过了两年多，管仲的老母病逝，他心中没了牵挂，这才踏实地来为齐国效命，果然比谁都作战英勇，很快就得到了提拔重用。

后来齐襄公的弟弟公子纠发现管仲是个人才，便要他当了自己的谋士。而鲍叔牙呢，也偏偏被齐襄公的另一个弟弟公子小白看中，拜其为军师。两个好朋友各自辅佐一个公子，干得热火朝天。可是好景不长，昏庸的齐襄公总是疑心自己两个同父异母的弟弟要篡夺他的王位，就让手下的人找机会干掉公子纠和公子小白。听到了风声，公子纠带着管仲就跑到鲁国的姥姥家去了，公子小白也跟着学，他带着鲍叔牙也跑到了莒国的姥姥家避难去了。

公元前686年的冬天，暴虐的齐襄公被手下的将士杀死，立他的一个弟弟公孙无知为齐国君王，这个人当了君王没几个月，也被手下大臣给杀掉了，齐国当时是一片混乱。

流亡在莒国的公子小白和寄居在鲁国的公子纠得到消息后，都觉得自己夺取王位的机会来了，急忙打点行装，要回国争夺王位。

管仲作为公子纠的军师及时提醒他的主子："公子小白所在的莒国离齐国很近，如果他先我们一步回到齐国，我们就没戏了，我看还是我先带一队人马去拦截公子小白，让鲁国派大将曹沫带另一队人马护送您回国。"公子纠笑答："好主意！"

当管仲带人马赶到莒国和齐国的交界处时，正碰上鲍叔牙带领一队莒国人马护送公子小白飞驰而来。管仲上前拦住去路，他说："你不好好在姥姥家住着，要干啥去呀？"公子小白说："我回国办丧事去啊！"管仲说："您的哥哥公子纠已经回到齐国操办此事了，我看您还是返回莒国好好待着吧！"

鲍叔牙虽然和管仲平日有手足之情，但现在是各为其主。他瞪着眼睛呵斥管仲："我们公子回国有自己的事情，你管得着吗？再说你扯的瞎话也瞒不了我鲍叔牙吧？如果公子纠真的回到了齐国，那你干吗带人来拦截我的主公呢？"管仲谎言被揭，脸色通红，一时无言以对。

鲍叔牙不敢耽搁，命令部队火速前进，管仲见状急得要命，要是拦不住公子小白，自己还有啥脸面再见公子纠啊，于是他心一横，搭弓取箭，朝着车上的公子小白用力射去，小白大叫一声，栽倒在车上，管仲见大功告成，便带着人马飞逃而去。

没想到管仲这一箭恰好射在公子小白的带钩上，一点没伤到人，但他知道管仲的箭法利害，要是再补上一箭他就没命了，于是他才大叫一声装死倒在车里。

见管仲跑了，他才长长地出了一口气，鲍叔牙见公子小白平安无事，立刻命部队抄小路向齐全力疾驰。

管仲自以为射死了公子小白，就不慌不忙地护送公子纠向齐国进发，结果到齐、鲁边界的时候，一个齐国的使者拦住了他们的车马，使者说："我奉齐国新君王公子小白之命，前来通知鲁国，请你们不必送公子纠回国了。"

管仲一听，才知道自己没把事情办好，上了公子小白和鲍叔牙的当。于是一气之下把齐国使者给杀了，公子纠更是什么也不顾了，命令大将曹沫率领仅有的500多鲁国士兵去跟齐国拼命。于是齐、鲁两国就开了战，鲁国本来就是个小国，兵马少，又是到人家齐国门口来打仗，哪有不败的道理！幸亏大将曹沫很勇敢，保护公子纠和管仲逃回了鲁国。

公子小白在鲍叔牙的帮助下登上了齐国君王的宝座，称齐桓公，后来成为春秋时期五位霸主之首。只说他上台后的第一件事就是要清除后患，把他的兄弟公子纠干掉！于是他命令鲍叔牙领兵30万去攻打鲁国，那时齐国很强大，小小的鲁国为了公子纠被迫应战，结果连连败北，鲁国君王见顶不住了，就派人和齐国讲和，鲍叔牙提出了两个条件：一是要鲁国把公子纠杀了，二是把管仲交给齐国，不然的话绝不退兵。鲁庄公没别的法子，只好照办。把公子纠的人头和管仲一起交给了齐国。

鲍叔牙帮公子小白登上王位又帮他杀了公子纠，齐桓公感念他的忠心和功劳，要任命他做国相，没想到鲍叔牙死活不肯接受，他说："以前我帮君王做了些事情，那全是凭我对您的忠心而竭尽全力的，现在您要把国相这么重要的职务交给我，这绝不是仅仅凭我的忠心就可以做好的，您该找个比我更有才能的人才行啊！"齐桓公说："在我手下的大臣中，还没发现比你更出众的人才呢！"鲍叔牙说："我举荐一个人保证能帮您成就一番霸业！"齐桓公急忙问他："这个人是谁？"鲍叔牙笑着说："此人就是我的老友——管仲，我把他从鲁国要回来，就是要他帮您的！"

齐桓公一听就火了，说："这小子拿箭射过我，这一箭之仇我还没报呢，你反而让我重用他？我不把他杀了就不错了！"

鲍叔牙恳切地说："管仲不顾一切地为公子纠卖命，用箭来射杀您，这不正好说明他是一个非常忠义的人吗？各为其主是起码的做人准则，他当时那样做没什么不对的，现在要治国，若论才华，他远远超过我鲍叔牙啊！您要成就霸业，非得到管仲的辅佐不成。您现在不计前嫌地重用他，他唯一的出路就是死心塌地地为您卖命啊！"

齐桓公是个很有肚量的人，为了齐国的利益，他还是听了鲍叔牙的劝说，断然捐弃前嫌，拜了管仲为国相。

管仲很感激好友鲍叔牙，更为齐桓公的大度和睿智所折服，决心鞠躬尽瘁，竭尽全力报效齐桓公。他积极改革内政，发展经济，重新给农民划分土地。由于他从小经商，也很重视和其他国家通商和发展手工业。他还对国家常设的军队实行严格的训练和管理，使之成为战斗力很强的一支军队。由于管仲的改革，齐国在几年内就兴盛起来，获得了“九合诸侯，一匡天下”的地位，成就了齐桓公的霸业。

有趣的是，有一次齐桓公和管仲探讨下任国相的问题，齐桓公问：“假如你要是死了，谁接任你的国相为好呢？”管仲说出了一个人名，齐桓公又问：“那么第二人选呢？”管仲就又说了一个人的名字，齐桓公又问：“那么第三人选呢？”管仲又说出了一个人名。齐桓公很不高兴地再次问：“第四人选呢？”管仲说：“那就是鲍叔牙了！”齐桓公说：“我真的很奇怪，鲍叔牙对你那么好，听说以前你们一起做生意，他也老让着你，你上了公子纠的贼船，还射过我一箭，要不是鲍叔牙说情，我早就把你杀了，后来鲍叔牙又在我面前积极推荐你为国相，怎么现在请你推荐下任国相的人选时，你竟然把鲍叔牙放在第四人选的位置上呢？你对得起人家鲍叔牙吗？”管仲说：“我们现在是在谈论谁做下任国相最合适的问题，您并没有问谁是我最感激、最要好的朋友呀！我们的私交很好，但国家利益高于一切！”

心灵交流

古人云，君子之交淡如水。人与人之间的交往贵在交心，心灵的交流是友谊的本质特征。钱钟书说：“人之间的友谊，并非由于说不尽的好处，倒是说不出的要好。”朋友之间更为重要的是心灵的相通，《诗经》上说：“投之以木瓜，抱之以琼瑶。匪报也，永以为好也。”人之相知，贵在知心。《史记》说：相知满天下，知心有几人。古人感叹：万两黄金容易得，知心一个也难求。志同才能道合，君子与君子以同道为朋，小人与小人以同利为朋。江乙曰：“以财交者，财尽而交绝；以色交者，华落而爱渝。君子淡如水，岁久情愈真。小人口如蜜，转眼如仇人。”

高山流水觅知音

春秋时期，有个叫俞伯牙的人，精通音律，琴艺高超，是当时著名的琴师。俞伯牙从小非常聪明，天赋极高，很喜欢音乐，他拜当时很有名气的琴师成连为老师。学习了三年，俞伯牙琴艺大长，成了当地有名气的琴师。但是俞伯牙总觉得自己还不能出神入化地表现对各种事物的感受，达不到更高的境界，为此感到很苦恼。俞伯牙的老师成连知道了他的心思后，便对他说：“我已经把自己的全部技艺都教给了你，而

且你学习得很好。至于音乐的感受力、悟性方面，我自己也没学好。我的老师方子春是一代宗师，他琴艺高超，对音乐有独特的感受力。他现住在东海的一个岛上，我带你去拜见他，跟他继续深造，你看好吗？”俞伯牙听闻大喜，连声说好。

于是成连带伯牙乘船往东海进发。一天，船行至东海的蓬莱岛，成连对伯牙说：“你先在岛上稍候，我去找老师。”说完，成连划船离开了。过了几天，老师没回来，伯牙有点郁闷。有一天，伯牙站在岛上，举目眺望，只见波浪汹涌，浪花激溅；海鸟翻飞，鸣声入耳；山林树木，郁郁葱葱，如入仙境一般。一种奇妙的感觉油然而生，耳边仿佛响起了大自然和谐动听的音乐。伯牙情不自禁地取琴弹奏，音随意转，把大自然的美妙融进了琴声，伯牙体验到一种前所未有的境界。从此，伯牙的琴艺大长。原来，成连是让伯牙独自在大自然中寻求感受，从而可以专心致志，移情入音，达到音神合一的境界。俞伯牙身处孤岛，整日与海为伴，与树林飞鸟为伍，感情很自然地发生了变化，陶冶了心灵，真正体会到了乐音的本质。后来，俞伯牙成为一代琴师，创作了《水仙操》，但真正能听懂他曲子的人却不多，他一直寻觅自己的知音。

有年，俞伯牙奉晋王之命出使楚国。八月十五中秋那天，他乘船来到了汉阳江口，遇风浪停泊在一座小山下。晚上，风浪渐渐平息了下来，云开月出，景色十分迷人。望着空中的一轮明月，俞伯牙琴兴大发，拿出随身带来的瑶琴，专心致志地弹了起来。他弹了一曲又一曲，正当他完全沉醉在优美琴声之中的时候，猛然看到一个人在岸边一动不动地站着。俞伯牙吃了一惊，手下用力，“啪”的一声，琴弦被拨断了一根。俞伯牙正在猜测岸边的人为何而来，就听到那个人大声地对他说：“先生，您不要疑心，我是个打柴的，回家晚了，走到这里听到您在弹琴，觉得琴声绝妙，不由得站在这里听了起来。”俞伯牙借着月光仔细一看，那个人身旁放着一担干柴，果然是个打柴的人。俞伯牙心想：“一个打柴的樵夫，怎么会听懂我的琴声呢？”于是就问：“你既然懂得琴声，那就请你说说看，我弹的是一首什么曲子？”听了俞伯牙的问话，那打柴的人笑着回答：“先生，您刚才弹的是孔子赞叹弟子颜回的曲谱，只可惜，您弹到第四句的时候，琴弦断了。”打柴人的回答一点不错，俞伯牙不禁大喜，忙邀请他上船来细谈。那打柴人看到俞伯牙弹的琴，便说：“这是瑶琴，相传是伏羲氏造的。”接着他又把这瑶琴的来历说了出来。听了打柴人的这番讲述，俞伯牙心中不由得暗暗佩服。接着俞伯牙又为打柴人弹曲，请他辨识其中之意。此时的情景，如《列子·汤问》中所载：“伯牙鼓琴，志在高山，钟子期曰：‘善哉，峨峨兮若泰山。’志在流水，曰：‘善哉，洋洋兮若江河。’”俞伯牙惊喜万分，自己用琴声表达的心意，过去没人能听得懂，而眼前的这个樵夫，竟然听得明明白白。没想到，在这野岭之下，竟遇到自己久久寻觅不到的知音，于是他问明打柴人名叫钟子期，和他喝起酒来。俩人越谈越投机，相见恨晚，结拜为兄弟，约定来年中秋再到这里相会。

次年中秋，俞伯牙如约来到了汉阳江口，可是他等啊等啊，怎么也不见钟子期来赴约，于是他便弹起琴来召唤这位知音，可是又过了好久，还是不见人来。第二天，俞伯牙向一位老人打听钟子期的下落，老人告诉他，钟子期已不幸染病去世了。临终前，他留下遗言，要把坟墓修在江边，到八月十五相会时，好听俞伯牙的琴声。听了老人的话，俞伯牙万分悲痛，他来到钟子期的坟前，凄楚地弹起了古曲《高山流水》。弹罢，他挑断了琴弦，长叹了一声，把心爱的瑶琴在青石上摔了个粉碎。他悲伤地说：“我唯一的知音已不在人世了，这琴还弹给谁听呢？”两位千古知音的友谊感动了后人，人们在他们相遇的地方，筑起了一座古琴台。直至今天，人们还常用“知音”来形容朋友之间的情谊。

知识链接

一个人能够承受多少孤独

人到底能承受多少孤独呢？1954年，美国做了一项实验。该实验以每天20美元的报酬（在当时是很高的金额）雇用了一批学生作为被测者。

实验内容是这样的。为了制造出极端的孤独状态，实验者将学生关在有防音装置的小房间里，让他们戴上半透明的保护镜以尽量减少视觉刺激。接着，又让他们戴上木棉手套，并在其袖口处套了一个长长的圆筒。为了限制各种触觉刺激，又在其头部垫上了一个气泡胶枕。除了进餐和排泄的时间以外。实验者要求学生24小时都躺在床上。可以说，这样就营造出了一个所有感觉都被剥夺了的状态。

结果，尽管报酬很高，却几乎没有人能在这项孤独实验中忍耐三天以上。最初的8个小时好歹还能撑住，之后，被试就吹起了

口哨或者自言自语，有点烦躁不安了。在这种状态下，即使实验结束后让他做一些简单的事情他也会频频出错，精神也集中不起来了。据说，实验后得需要3天以上的时间才能回到原来的正常状态。

实验持续数日后，人会产生一些幻觉。例如看见大队花栗鼠行进的情景，或者听到有音乐传来，等等。到第4天时，被试学生会出现双手发抖，不能笔直走路，应答速度迟缓，以及对疼痛敏感等症状。

通过这个实验我们明白了一点：人的身心要想正常工作就需要不断地从外界获得新的刺激。可以说，雷达测员和长途司机都处于轻微的感觉剥夺状态。正因为如此，他们有时就会看见实际上不存在的东西，从而引发事故。有时，高层住宅里的主妇独处于毫无声响的房间里时，会突然感觉到强烈的不安，这也是感觉剥夺状态下的孤独感所造成的。

情绪管理

如果敌人让你生气，说明你还没有战胜他的把握。

情绪是人对外界刺激的主观体验和感受，具有心理和生理反应的特征。人的情绪表现为快乐、愤怒、恐惧、悲哀、焦虑、失望等。行为在身体动作上表现得越强就说明情绪越强，如高兴时手舞足蹈、发怒时咬牙切齿、忧愁时茶饭不思、悲痛时痛心疾首等，就是情绪在身体动作上的反应。

情绪有积极情绪和消极情绪之分。积极的情绪会激发人们学习、工作和生活的热情和潜力；负面情绪常出现而且持续不断，就会对个人产生负面的影响，如影响身心健康、人际关系或日常生活等。

每个人都有情绪，但人们大都对情绪缺乏必要的了解和关注。

情绪管理是指用心理科学的方法有意识地调适、缓解、激发情绪，以保持适当的情绪体验与行为反应，避免或缓解不当情绪与行为反应的实践活动。情绪管理包括认知调适、合理宣泄、积极防御、理智控制、及时求助等方式。

管理好自己的愤怒

俗话说，冲动是魔鬼。人在愤怒的时候往往会有冲动的行为，带来不良后果。愤怒是人的正常生理反应，它与人体的“战斗或逃跑反应”系统关系密切。这套系统帮助人类的祖先在野外环境中对抗或逃脱敌害，许多动物也有类似的系统。人体在这套系统的驱动下超负荷运转，做好在瞬间“爆发”（反击或者逃跑）的准备。愤怒的情感会激活这套系统，如果你能察觉到身体方面的征兆，你便可以在愤怒失控之前设法将其置于有效管理之下。

有一项关于各国人等待红灯的忍耐时间调查：德国人为60秒，英国人为45秒，美国人为40秒，中国人最低，只有15秒。有数据统计，60%的开车者，都会为了等红灯、加塞等事情产生愤怒情绪，其中10%的人，甚至可被确诊为“路怒症”。不止中国人，“压不住火”其实成了全球人的困扰。在美国，每年有超过100万人需要接受“愤怒管理”的课程。美国弗吉尼亚州林奇伯格市的愤怒化解研究所主任道尔·金特里博士曾统计过，每人每周会发怒两次，男人发怒的强度要大一些，女人每次发怒的时间要长一些。美国生理学家爱尔马教授的研究发现，人生气10分钟耗费掉的精力不亚于参加一次3000米赛跑。

紫砂壶

某人得一宝贝，紫砂壶，于是每夜都放床头。一次，他失手将紫砂壶壶盖打翻到地上，惊后甚恼。壶盖没了，留壶身何用！于是抓起壶扔到窗外。天明，发现壶盖掉在棉鞋上，无损。恨之，一脚把壶盖踩得粉碎。出门，见昨晚扔出窗外的茶壶完好地挂在树枝上……大悔。有时，事情可以等一等、看一看、缓一缓，很多事情并不是你以为的那样。切记，学会冷静，也是一种智慧！

如果把人的喜怒哀乐比作自然现象，那么愤怒最像火山爆发，攻击性强，杀伤力大，一旦爆发便难以遏制，并且事后无法恢复原状。哲学家培根说过：“无论你怎样表示愤怒，都不要做出任何无法挽回的事来。”可是偏偏就有人干出无法挽回的事，最后追悔莫及。

受不了同窗讥讽

马加爵，云南大学生化学院生物技术专业2000级学生，高中时成绩优异，曾获得全国奥林匹克物理竞赛二等奖，被评为“省三好学生”，2000年至2004年就读于云南大学生化学院生物技术专业。

马加爵与几个同学在打牌，有个同学邵瑞杰怀疑马加爵出牌作弊，两人发生了争执，邵瑞杰说：“没想到连打牌你都作弊，你为人太差了，难怪同学过生日都不请你。”这样的话从邵瑞杰口中说出来，深深地伤害了马加爵。邵瑞杰和马加爵都来自广西农村，同窗学习、同宿舍生活了4年，马加爵一直十分看重这个好朋友，但他万万没有想到，自己在邵瑞杰眼中竟然会是这样的，而且好朋友龚博居然也是如此。就是这句话使马加爵动了杀人的念头。

马加爵2004年2月13日晚杀一人，2月14日晚杀一人，2月15日再杀两人，后从昆明火车站出逃。2004年3月1日被公安部列为A级通缉犯，3月15日在海南省三亚市河西区落网；2004年4月24日被昆明市中级人民法院依法判处死刑，剥夺政治权利终身；2004年6月17日被依法执行死刑。

心理学研究发现，人的七种情绪中，愤怒情绪对人的损害最大，很多犯罪的原因都是由于无法抑制住愤怒，才会导致人间惨剧的发生。愤怒情绪也是触发脑出血、高血压、心肌梗死的主要因素。有个别同学“脾气”很坏，同学之间闹点矛盾就大打出手，伤身体，损友情，甚至造成严重刑事案件。据统计，中学生因打架造成经济损失平均每起1万元左右，而且代价越来越高，给家长带来很大的经济和精神负担。

当然，一味地压抑自己内心的愤怒而不向外部表达，不利于身体健康，合理地表达愤怒、控制愤怒是更好更健康的方式。如何控制愤怒情绪，让愤怒情绪平和下来？控制愤怒情绪的一种有效方式就是对你的愤怒进行管理，在愤怒控制你之前，学会控制它。

首先，要认识到自己的愤怒。要管理自己的愤怒情绪，首先要觉察到自己的愤怒，愤怒在行为上的明显反应有握拳头、咬紧牙、语速快、站立起来等。这表明你已经处于愤怒状态了，及时觉察到自己的状态是有效管理情绪的前提。

其次，要有意识地控制自己的愤怒情绪：

1.放松身体：通过身体的放松来控制情绪。深呼吸，用腹腔而不是胸腔；把拳头伸开，嘴巴张开，松弛肌肉，感受到身体放松过程；有意识地控制自己的语速，让语速变慢；坐下来，最好坐在低矮软面的沙发上，等等。

2.认知重建：你之所以愤怒，你认为是别人招惹了你，你认为他人必须如何如何，如果别人做不到，就应当愤怒，这就是愤怒的根本原因。而事实上，面对同样的问题，有的人怒发冲冠，有的人却能面不改色、心平气和，这些截然不同的反应，说明了什么？产生愤怒的内因在你自己，是你对发生的事情的看法，决定了你的情绪反应。也就是说，你的愤怒情绪，是你自己一手造成的。承认这一点，是有效应付愤怒情绪的第一步。换位思考是有效控制愤怒有效方法，从对方的角度想一想，或者倾听一下他人的看法，你可能就不会那么愤怒了。学会放手，想得开，放得下，放眼未来，人的情绪就会有很大变化。

塔里兰的阴谋

1809年1月，拿破仑从西班牙战事中抽出身来匆忙赶回巴黎。他的间谍告诉他外交大臣塔里兰密谋造反。

一抵达巴黎，拿破仑就立刻召集所有大臣开会。他含沙射影地点明塔里兰的阴谋，但塔里兰却没有丝毫反应，这时候，拿破仑无法控制自己的情绪，忽然逼近塔里兰说："有些大臣希望我死掉！"但塔里兰依然不动声色，只是满脸疑惑地看着他，拿破仑终于忍无可忍了。他对着塔里兰粗鲁地喊道："我赏赐你无数的财富，给你最高的荣誉，而你竟然如此伤害我，你这个忘恩负义的东西，你什么都不是，只不过是穿着丝袜的一只狗。"说完他转身离去了。其他大臣面面相觑，他们从来没有见过拿破仑如此失态。塔里兰依然一副泰然自若的样子，他慢慢地站起来，转过身对其他大臣说："真遗憾，各位绅士，如此伟大的人物竟然这样没礼貌。"

拿破仑的失态和塔里兰的镇静自若像瘟疫一样在人们中间传播开来，拿破仑的威望降低了。伟大的拿破仑在压力下失去冷静，人们开始感觉到他已经走下坡路了，如同塔里兰事后的预言："这是结束的开端。"塔里兰激起了拿破仑的怒气，让他的情绪失控，这正是塔里兰的目的。人人都知道了拿破仑是一个容易发怒的人，他已经失去了作为一个领导的权威，这种负面效果影响了人民对他的支持。面对大臣企图发动阴谋这样的事，焦躁和不安只能起到相反的作用，这说明他已经失去了主宰大局的绝对权力。

如果敌人让你生气，说明你还没有战胜他的把握。拿破仑的怒气让他逐步失去权威。德国皇帝威廉一世在处理与磨坊主矛盾时的做法却让他美名远扬。

德国波斯坦的磨坊

18世纪，德国皇帝威廉一世曾在波茨坦建立了一座行宫。一次，他住进了行宫，登高远眺波茨坦市的全景，但他的视线却被一座磨坊挡住了。皇帝大为扫兴，他派人与磨坊主去协商，打算买下这座磨坊，以便拆除。不想，磨坊主坚决不卖，理由很简单："这是我祖上世代留下来的！"皇帝大怒，派出卫队，强行将磨坊拆了。

倔强的磨坊主向法院提起了诉讼。让人惊讶的是，法院居然判皇帝败诉，并判决皇帝在原地按原貌重建这座磨坊，赔偿磨坊主的经济损失。皇帝服从了法院的判决，重建了这座磨坊。

数十年后，威廉一世与磨坊主都相继去世。磨坊主的儿子因经营不善而濒临破产。他写信给当时的皇帝威廉二世，自愿将磨坊出卖给他。威廉二世接到这封信后，感慨万千。他认为磨坊之事关系到国家的司法独立和审判公正的形象，它是一座丰碑，应当永远保留。于是，便亲笔回信，劝其保留这座磨坊，以传子孙，并赠给了他6000马克，以偿还其所欠债务。小磨坊主收到回信后，十分感动，决定不再出售这座磨坊，以铭记这段往事。

管理好自己的心态

心态是一个人的精神状态，只要拥有良好的心态，你就能每天保持饱满的热情。心态好，运气就好。精神打起来，好运自然来。记住，做任何事情一定要有积极的心态，要学会调整心态。心态的好坏，在于平常的及时调整和修炼并形成习惯。人活在世上，凡事都要看开点，看远点，看淡点，心胸要豁达些、大度些，没有流不出的水和搬不动的山，更没有钻不出的窟窿及结不成的缘。人要活得快乐，就必须要有一个好心态。有位哲人说得好，"既然现实无法改变，那么只有改变自己"。

罗斯福失窃

美国总统罗斯福家中曾经失窃，被贼偷去很多东西，他的朋友得知后便写信安慰他。罗斯福收到朋友的信后也写了回信给朋友。信中说："亲爱的，谢谢你来信安慰我，我现在很平安，感谢上帝。因为：第一，偷的是我的东西而没有伤害我的生命：第二，贼只偷去我部分东西，而不是全部：第三，最值得庆幸的是，做贼的是他，而不是我。"

在非洲做义工

卢旺达的贫穷场面可能对于一般人来说无法想象。中国的义工下了卡车以后，看到一位瘦骨嶙峋、衣不蔽体的黑人男孩朝他们跑来，那个男孩很少看到这样的大卡车。顿时，义工动了怜悯之心，转身就去拿了车上的物品向小男孩走去。

“你要干什么？”美国义工大声呵斥，“放下！”

中国义工愣住了。他不知道这是怎么了，“我们不是要来做慈善工作吗？”

美国义工朝小男孩俯下身子，“你好，我们从很远的地方来，车上有很多东西，你能帮我们搬下来吗？我们会付报酬的。”

小男孩在原地迟疑，这时又有不少孩子跑来，美国义工又对他们说了一遍相同的话。有个孩子就尝试从车上往下搬了一桶饼干。

美国义工拿起一床棉被和一桶饼干递给他，说：“非常感谢你，这是奖励你的，其他人愿意一起帮忙吗？”

其他孩子也都劲头十足，一拥而上，没多久就卸货完毕，义工给每个孩子一份救济物品。

这时又来了一个孩子，看到卡车上已经没有货物可以帮忙搬了，觉得十分失望。

美国义工对他说：“你看，大家都干累了，你可以为我们唱首歌吗？你的歌声会让我们快乐！”孩子唱了首当地的歌，义工照样也给了他一份小礼物：“谢谢，你的歌声很美妙。”

中国义工看着这些若有所思。晚上，美国义工对他说：“对不起，我为早上的态度向你道歉，我不该那么大声对你说话。但你知道吗？这里的孩子陷在贫穷里，不是他们的过错，可如果因为你轻而易举就把东西给他们，让他们以为贫穷可以成为不劳而获的谋生手段，因而更加贫穷，这就是你的错！”

管理好自己的焦虑

焦虑是因对亲人或自己的生命安全、前途命运以及事情现状或进展等的过度担心而产生的一种烦躁情绪，其中含有着急、挂念、忧愁、紧张、恐慌、不安等成分。适当的焦虑反应可以激发潜能，有助于应对挑战。过度焦虑则会危害人的身心健康。

焦虑的老奶奶

从前有一位老奶奶，她有两个儿子，大儿子开了家雨伞店，小儿子开了家洗衣店。天下雨，老奶奶就发愁："小儿子店里的衣服上哪儿晒，顾客该找麻烦了……"天晴了，太阳出来了，老奶奶又担心："这大晴天，谁买我大儿子的雨伞呀？"老奶奶一天到晚愁眉不展，吃不下饭，睡不着觉。邻居见她一天到晚忧愁不断，便对她说："老奶奶，你好福气！一到下雨天，你大儿子的雨伞生意可好了。天晴了，你小儿子的店就顾客盈门，真让人羡慕啊！"奶奶一想："对呀！我原来怎么没想呢！"从此以后，老奶奶不再发愁了，她吃得香，睡得甜，每天笑盈盈的，大家都说她像变了一个人。

当兵的男孩

一个美国男孩上完了中学，要去服兵役了，他非常焦虑，焦虑得睡不着觉，吃不下饭。面对这个问题，父母不知道如何开解他，就对他说："不如你去问问爷爷吧！"

男孩告诉了爷爷他的焦虑。爷爷问："你焦虑什么呢？在我们国家服兵役也无非两种情况，一个国内，一个国外。有一半的可能是分在国内的，在国内服役和度假没差别的。"

"爷爷，我还有一半可能是分在国外的！"男孩焦急地说。

"孩子，就算被分到国外，也只有两种可能：一种可能是分到稳定的国家，一种是分到战乱国家。你有50%的可能会被分到稳定的国家，这样的国家不会打仗，你是安全的。"

"爷爷，要是我被分到战乱的国家呢？"

"分到战乱的国家也只有两种情况，一种是做内勤，一种是做外勤，你有50%的机会做内勤，依然是安全的。"

“可是我要是分到外勤呢？”男孩快要急哭了。

“分到外勤也只有两种情况，你们去执行任务，就负伤情况而言，有可能是你负伤，也可能是你的同伴负伤的。”

“如果负伤的是我呢？”

“负伤也有两种情况，轻伤或者重伤，轻伤过两天就没事了。”

“如果我是重伤呢？”

“重伤也只有两种情况，一种是治愈了，另一种则是死亡！”

“爷爷如果我重伤不治呢？”

“孩子，那个时候你就死了，根本不会有任何感觉了！”

男孩听了爷爷的话，想了很久，他终于迈向了军营的大门。

生活中的焦虑其实有些时候经不起我们的理性分析，当你感到焦虑时，想一想为什么会焦虑？值不值得去焦虑？事情的结果总会好起来的，这样，焦虑可能就会离开你了。很多时候我们恐惧的事情，看到它最坏的结果，我们反而就不焦虑了。

兴趣爱好

兴趣是最好的老师。

——爱因斯坦

兴趣是人认识某种事物或从事某种活动的心理倾向，它是以认识和探索外界事物的需要为基础的，是推动人认识事物、探索真理的重要动机。兴趣有直接的，也有间接的。兴趣有个体在生活中长期形成的，也有在一定对的情景下由某一事物偶然激发出来的。兴趣有物质兴趣和精神兴趣之分，物质兴趣主要指人们对舒适的物质生活（如衣、食、住、行方面）的兴趣和追求；精神兴趣主要指人们对精神生活（如学习、研究、文学艺术、知识）的兴趣和追求。

兴趣是一种无形的动力，当我们对某件事情或某项活动感兴趣时，就会很投入，而且印象深刻。每个人都会对他感兴趣的事物给予优先注意和积极探索，并表现出心驰神往。例如，对美术感兴趣的人，对各种油画、美展、摄影都会认真观赏、评点，对好的作品进行收藏、模仿；对唱歌感兴趣的人，会不断追寻自己喜欢的歌曲和歌手。兴趣不只是对事物的表面的关心，任何一种兴趣都是由于获得这方面的知识或参与这种活动而使人体验到情绪上的满足而产生的。例如，一个人对跳舞感兴趣，他就会主动地、积极地寻找机会去参加，而且在跳舞时感到愉悦、放松和乐趣，就会表现出积极性而自觉自愿。

培养学习兴趣

学校里最大的敌人就是“厌学”，当同学们不喜欢学习、厌恶学习时，我们就与“敌人”站在一起了。有同学会说，学习“知识”不好玩，掌握“技能”需要反复训练，太辛苦。同学们，兴趣是人因体验到情绪上的满足而产生的，有低级阶段和高级阶段之分。大多数人对美食感兴趣，因为美食能够满足我们的口腹之欲，这是低级阶段的兴趣。美食家对美食的兴趣则是探究食材的美味之道，追求美食的极致，这就属于高级阶段的兴趣。低级阶段的兴趣很容易产生，当然也容易消失，当我们感到不好玩时就没有了兴趣。

知识是有价值的，技能是有意义的，但是很多知识是抽象晦涩的，技能的获得需要长期的坚持和努力，这些东西只是靠简单的兴趣是不能够获得的。对这些学习兴趣的获得就需要价值的体验来实现。当我们经过刻苦的学习，掌握抽象晦涩的知识时，我们就会获得一种经过奋斗而成功的一种情感体验，当我们经过长期反复甚至单调的训练掌握某种复杂的技能时，我们就会有一种驾驭未来的胜利者的情感获得，这些感觉和体验是更高层次的学习兴趣，这种更高层次的学习兴趣才是我们真正需要培养的。同学们在刚接触一门新课程时，因为好奇而产生兴趣，但是有些同学只停留在兴趣的初级阶段，由于学习困难等原因，兴趣很快就消失了，但是有些同学却从好奇发展到对课程的持久兴趣，产生对这门课程的热爱，这就是高级阶段的兴趣。

华罗庚对数学的热爱

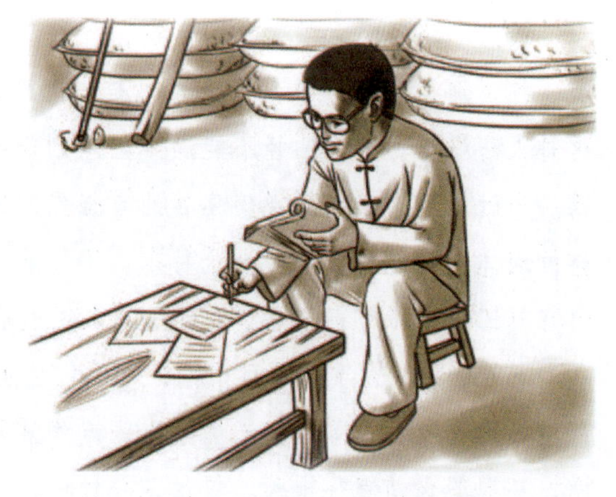

1930年的一天，清华大学数学系主任熊庆来，坐在办公室里看一本《科学》杂志。他看着看着，不禁拍案叫绝："这个华罗庚是哪国留学生？"周围的人摇摇头，"他是在哪个大学教书的？"人们面面相觑。最后还是一位江苏籍的教员想了好一会儿，才慢吞吞地说："我弟弟有个同乡叫华罗庚，他哪里教过什么大学啊！他只念过初中，听说是在金坛中学当事务员。"熊庆来惊奇不已，一个初中毕业的人，能写出这样高深的数学论文，必是奇才。他当即做出决定，将华罗庚请到清华大学来。从此，华罗庚就成为清华大学数学系助理员。在这里，他如鱼得水，每天都游弋在数学的海洋里，只给自己留下五六个小时的睡眠时间。说起来让人很难相信，华罗庚甚至养成了熄灯之后也能看书的习惯。他当然没有什么特异功能，只是头脑中的一种逻辑思维活动。他在灯下拿来一本书，看着题目思考一会儿，然后熄灯躺在床上，闭目静思，开始在头脑中做题。碰到难处，再翻身下床，打开书看一会儿。就这样，一本需要十天半个月才能看完的书，他一夜两夜就看完了。华罗庚被人们看成不寻常的助理员。第二年，他的论文开始在国外著名的数学杂志陆续发表。清华大学破了先例，决定把只有初中学历的华罗庚提升为助教。

数学、逻辑是最为抽象的学科，但是华罗庚对数学却如痴如醉，这种兴趣爱好属于高层次的兴趣。天才，就是强烈的兴趣和顽强的毅力。对于学习就应该培养这样的兴趣，并且让这种兴趣不断成长。

安全炸药的诞生

诺贝尔，瑞典杰出的化学家、发明家、慈善家。他把一生献给了炸药的研制和发明。他发明的安全炸药，是瓦特发明蒸汽机后的一个划时代的重大发明，极大地提高了人类征服自然、改造自然的能力。他临终前设立的“诺贝尔奖”，是对给人类做出贡献的科学家、文学家最高奖赏的表征，为人类的美好事业起了巨大的作用。

诺贝尔年轻的时候，欧洲正在进入大工业革命时代，到处开矿山、修铁路、凿隧道、挖运河，炸药需求量很大。可是当时欧洲使用的仍然是从中国引去的黑色火药。这种火药爆炸力小，已经不能满足生产的需要。许多科学家都在寻找威力强大的新炸药。当时，科学家们发现硝化甘油有强烈的爆炸性能，但是，硝化甘油是一种像油一样的液体，性能极不稳定。这种东西不但非常容易爆炸，而且爆炸起来威力很大，有时在器皿中晃得厉害了它就炸开了，人们没有办法控制它。

年轻的诺贝尔决心通过试验，用硝化甘油取代黑色火药。1864年9月3日这天，寂静的斯德哥尔摩市郊，突然爆发出一连串震耳欲聋的巨响，滚滚的浓烟霎时间冲上天空，一股股火苗直往上蹿。仅仅几分钟时间，一场惨祸发生了。当惊恐的人们赶到出事现场时，只见原来屹立在这里的一座工厂已荡然无存，无情的大火吞没了一切。火场旁边，站着一位30多岁的年轻人，突如其来的惨祸和过度的刺激，已使他面无人色，浑身不住地颤抖着——这个大难不死的青年，就是诺贝尔。诺贝尔眼睁睁地看着自己所创建的硝化甘油实验工厂化为灰烬。人们从瓦砾中找出了五具尸体，其中一个是他的弟弟埃密，另外四人也是和他朝夕相处的亲密的助手。五具烧得焦烂的尸体，令人惨不忍睹。诺贝尔的母亲得知小儿子死亡的噩耗，悲痛欲绝。年老的父亲因大受刺激引起脑出血，从此半身瘫痪。然而，诺贝尔在失败和巨大的痛苦面前却没有动摇。

三四年过去了，失败的记录已经有几百次了，这些都没有动摇诺贝尔的决心。

1867年秋，诺贝尔把雷汞（雷酸水银）装进一根管子里做引爆物，用它来引爆硝化甘油。试验开始了，他独自一人点燃了雷汞，为了把试验的整个过程都看在眼里，他凝神注视着，忘记了一切，也忘记了自己的安全。只听得“轰”的一声巨响，转眼间，实验室被送上了天，地上炸开了一个大坑，试验仪器在浓烟里翻飞。远处的人们不禁哀叹：“可怜的诺贝尔完了！”正在人们悲痛的时候，忽然发现一团烟火向人群跑来，原来是血迹斑斑的诺贝尔从硝烟中跑出来了。他一边奔跑，一边狂呼：“我成功了！我成功了！”

焦耳的故事

英国著名科学家焦耳从小就很喜爱物理学，他常常自己动手做一些关于电、热之类的实验。有一年放假，焦耳和哥哥一起到郊外旅游。聪明好学的焦耳就是在玩耍的时候，也没有忘记做他的物理实验。他找了一匹瘸腿的马，由他哥哥牵着，自己悄悄躲在后面，用伏达电池将电流通到马身上，想试一试动物在受到电流刺激后的反应。结果，他想看到的反应出现了，马收到电击后狂跳起来，差一点把哥哥踢伤。尽管已经出现了危险，但这丝毫没有影响到爱做实验的小焦耳的情绪。他和哥哥又划着船来到群山环绕的湖上，焦耳想在这里试一试回声有多大。他们在火枪里塞满了火药，然后扣动扳机。谁知“砰”的一声，从枪口里喷出一条长长的火苗，烧光了焦耳的眉毛，还险些把哥哥吓得掉进湖里。这时，天空浓云密布，电闪雷鸣，刚想上岸躲雨的焦耳发现，每次闪电过后好一会儿才能听见轰隆的雷声，这是怎么回事？焦耳顾不得躲雨，拉着哥哥爬上一个山头，用怀表认真记录下去每次闪电到雷鸣之间相隔的时间。开学后焦耳几乎是迫不及待地把自己做的实验都告诉了老师，并向老师请教。老师望着勤学好问的焦耳笑了，耐心地为他讲解：“光和声的传播速度是不一样的，光速快而声速慢，所以人们总是想见闪电再听到雷声，而实际上闪电雷鸣是同时发生的。”焦耳听了恍然大悟。从此，他对学习科学知识更加入迷。通过不断学习和认真地观察计算，他终于发现了热功当量和能量守恒定律，成为一名出色的科学家。

82岁的状元

梁灏是五代时期的人，却是宋太宗时期的状元郎。他从五代后晋天福三年（938年）起就不断地进京应试，历经后汉和后周两个短命朝代。虽然屡试不中，但他毫不在意，总是自我解嘲地说："考一次，我就离状元近了一步。"直到宋太宗雍熙二年（985年），他才考中进士，被钦点为状元。他一共考了47年，参加会试40场，中状元时已经是满头白发的老翁了。在大殿上，太宗问他的年岁，他自称："皓首穷经，少伏生八岁；青云得路，多太公二年。"言明自己是82岁了。短短两句话，包含了多少考场上的艰苦和辛酸！

发展多种兴趣

同学们在学校里，既要学好专业知识和技能，同时也要发展多方面的兴趣，提高自己的综合素质。哲学家罗素说："幸福的秘诀是：让你的兴趣尽量地扩大，让你对人对物的反应尽量地倾向于友善。"

中国古代就提倡发展多种兴趣，提高人的综合素质。周朝的教育体系要求学生掌握六种基本才能：礼、乐、射、御、书、数，这就是所说的"六艺"。后来还有琴棋书画，这都是有素养的人需要掌握的技能。

琴，后加至七根弦（亦称"七弦琴"，通称"古琴"），古琴有九德之说，君子之器，象征正德。在古代，人的文化修养是用琴、棋、书、画四方面的才能表现的，弹琴为四大才能之首。

广陵散

嵇康是一位艺术大师，他写的《声无哀乐论》《难自然好学论》《太师箴》《明胆论》《释私论》《养生论》千秋相传，并且他弹得一手好琴，尤其善于演奏《广陵散》，倍受人们关注。当时与他齐名的还有比他大13岁的阮籍，音乐史上常有"嵇琴阮啸"的说法。但在思想和人格上，嵇康要比阮籍更高出一筹。嵇康对那些传世久远、名目堂皇的教条礼法不以为然，更深恶痛绝那些乌烟瘴

气、尔虞我诈的官场仕途。他宁愿在洛阳城外做一个默默无闻而自由自在的打铁匠，也不愿与竖子们同流合污。他如痴如醉地追求着心中崇高的人生境界：摆脱约束，释放人性，回归自然，享受悠闲。熊旺的炉火和刚劲的锤击，正是这种境界的绝妙阐释。所以，当他的朋友山涛向朝廷推荐他做官时，他毅然决然地与山涛绝交，并写了文学史上著名的《与山巨源绝交书》，以明心志。不幸的是，嵇康那卓越的才华和逍遥的处世风格，最终为他招来了祸端。他提出的“非汤武而薄周孔”“越名教而任自然”的人生主张，深深刺痛了统治阶级的要害：嵇康如此藐视圣人经典、痛恨官场仕途，长久下去，岂不危害太平江山的统治？此人非杀无以正民风、清王道，这里不是现成有个吕安的案子吗？将他牵连进去，既可杀之，又不会授人以柄，岂不妙哉。于是，在一些仇视嵇康的小人的诽谤和唆使下，公元262年，统治者司马昭下令将嵇康处以死刑。在刑场上，有三千太学生向朝廷请愿，请求赦免嵇康，并要拜嵇康为师，这正是向社会昭示了嵇康的学术地位和人格魅力，但这种“无理要求”当然不会被当权者接纳。而此刻嵇康所想的，不是他那神采飞扬的生命即将终止，却是一首美妙绝伦的音乐后继无人。他要过一架琴，在高高的刑台上，面对成千上万前来为他送行的人们，最后弹奏了《广陵散》，铮铮的琴声，神秘的曲调，铺天盖地，飘进了每个人的心里。弹毕之后，嵇康从容地引首就戮，时年仅39岁。

中国古代棋类很多种，其中围棋、象棋是典型代表。对于陶冶情操、开发智力具有重要作用。

围棋起源于中国，相传“尧造围棋以教子丹朱”。尧娶妻富宜氏，生下儿子丹朱，儿子行为不好，喜欢玩打仗的游戏，常常弄得满身是伤。尧很难过，于是制作了围棋，“以闲其情”。这就是最早出现的围棋模型。这样丹朱在格子上就能体验冒险的乐趣，而不用东跑西颠冒受伤的危险玩乐。围棋诞生之初，就具有了开发智慧、纯洁性情的功能。

与范西屏下棋

乾隆年间，扬州有个盐商叫胡照麟，酷爱下棋。一次，胡照麟与名手范西屏下棋，下到中盘时，已明显居下风，就不敢再下了，谎称肚子疼而封盘告退。胡照麟找当时的高手施定庵请教，然后，又赶回去跟范西屏继续对弈。施定庵的住处离扬州较远，胡照麟来回花了两天一夜的时间。为了下赢一盘棋费这么大的劲，这样的顶级棋痴可谓空前绝后。

中国象棋是中国棋文化也是中华民族的文化瑰宝，它的历史源远流长，趣味浓厚，基本规则简明易懂，千百年来长盛不衰。中国象棋是模拟的古代战争。在中国古代，象棋被列为士大夫们的修身之艺；现在，则被视为是怡神益智的一种有益身心的活动。象棋集文化、科学、艺术、竞技于一身，不但可以开发智力，启迪思维，锻炼辩证分析能力和培养顽强的意志，而且可以修身养性，陶冶情操，丰富文化生活，深受广大群众的喜爱。

楚汉相争与象棋

首先是红黑的由来。因为刘邦自称赤帝之子，赤就是红色，所以刘邦用红色的军旗作为代表。项羽年轻时，看到秦始皇出巡，车队上插着一面一面的黑色旗子，就像一条黑色的大龙走过，让项羽非常羡慕，从此爱上黑色。后来项羽骑马打仗，都骑着自己心爱的黑色乌骓，项羽的军旗也是用黑色做代表。

其次是红棋先手的由来。楚怀王对刘邦和项羽两个人有了一个约定，谁的军队能够先进入关中，就是关中王。项羽仗着拥有40万大军，采用直线进攻追打秦军，刘邦则是采取迂回的方式，招揽秦军，获得民心。结果，刘邦先一步进入关中，这也是现行象棋红先的典故。

再次是楚河汉界的由来。楚汉相争开始的时候，项羽的实力比较强大，刘邦为了扭转被动局势，任用张良、萧何等人才。到了公元前203年，刘邦实力大增。双方进入僵持阶段，于是两方商定鸿沟和约，划鸿沟为界，东面是项羽的楚、西面属刘邦的汉。这就好像现在的象棋，棋盘中间画有一道楚河汉界，用来区分红黑两国一样。

最后是王不见王的由来。楚汉相争最激烈的一战发生在鸿沟附近的广武山，当时楚汉两军隔着广武山对峙，代表汉军的刘邦站在山上对着项羽大骂，结果项羽生气地拿起弓箭，瞄准刘邦射了出去，这一箭还差点让刘邦丢了性命。现在象棋有一条将帅王不见王的规定，意思就是形成将帅见面的时候，轮到哪一方走子就能取胜，这就好像代表刘邦及项羽的将帅，朝对方射了一箭一样。

赵匡胤下棋输华山

相传五代十国末期，有一位得道高人名叫陈抟，字图南，自号扶摇子，后赐名希夷先生，隐居华山修遭，善奕。赵匡胤未黄袍加身成为宋太祖时.曾同结义兄弟郑子明路经华山，天晚人饥，借宿于陈抟处。第二天，陈抟约赵下棋。赵匡胤问：以何为注？陈抟答：我胜了，以千两黄金相赠。汝负，又以何物为注？赵戏指华山为注。首局陈抟以单车无士象逼和赵匡胤的车马炮，次局又以单马胜赵匡胤的马炮五卒士象全。赵匡胤只好写下输山字据。赵匡胤称帝后，陈抟以祝贺为名进京索注，赵匡胤将华山给陈抟。此后华山一带免去赋税，当地人民都称颂陈抟。现在，华山还有遗迹赌棋亭。

中国书法是一门古老的汉字的书写艺术，从甲骨文、石鼓文、金文（钟鼎文）演变而为大篆、小篆、隶书，至定型于东汉、魏、晋的草书、楷书、行书等，书法一直散发着艺术的魅力。中国书法是一种很独特的视觉艺术，汉字是中国书法中的重要因素，因为中国书法是在中国文化里产生、发展起来的，而汉字是中国文化的基本要素之一。以汉字为依托，是中国书法区别于其他种类书法的主要标志。

李世民练书法

唐太宗李世民是我国封建社会的一位明君，他常常在处理政事的空闲时间里，潜心练习书法。当时，被誉为初唐四大书法家之一的虞世南就在宫中任职，由于他精通古今，文章书法下笔如神，因而唐太宗一向很尊敬他，也经常临摹学习虞世南的书法。

在练习书法的过程中，唐太宗深深感到虞世南字体中“戈”字最难写，不容易

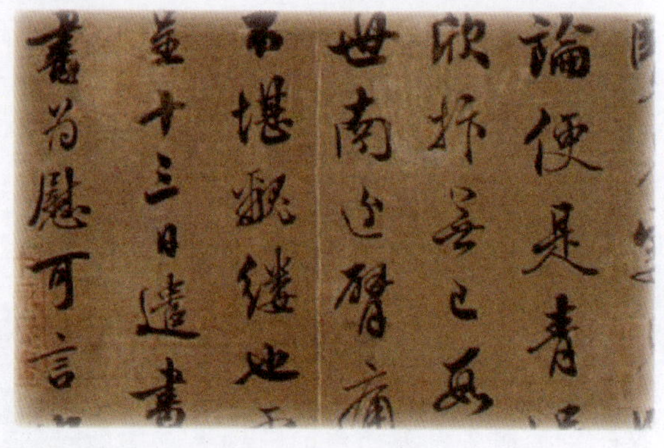

写出其中的神采。有一次，他练习“戬”，因怕写不好有失体面，免得各位大臣看它的笑话，于是便故意将“戈”字空着不写，而私下请虞世南代为填补。

唐太宗为了显示自己在书法方面有所进步，便拿着几幅作品请谏议大夫魏征观看，并征求魏征的意见说：“你看朕的字是否像虞世南学士的字？”魏征恭恭敬敬地仔细看了一遍，始终含笑不语。这时，唐太宗有些焦急地问他：“是像还是不像，你怎样不说话？”魏征连忙说道：“臣不敢妄加评论陛下的书法。”唐太宗说道：“你直言无妨，朕恕你无罪。”这时魏征才奏道：“据臣看，其中只有’戬’字右半边的’戈’旁和虞学士写得一般无二，其余的均相去甚远。”唐太宗听了这番话后，感叹不已，深深佩服魏征的眼力，从而也领悟学习书法来不得半点虚假，要想学有所成，务必痛下苦功。

入木三分

过去做生意的店家一般是有招牌的，总要将自家的店号起个吉利的名字，如“广源记”“茂源记”“康泰记”，名目繁多。有一家商店生意不错，扩大了门面，增添了货物，招牌也想换个新的。可别小看这招牌，它对生意的好坏还挺有影响的。因此，招牌一般是用好的木板做的。凑巧，有人给找来了一块曾经用来祭神的木板，木板上写满了祭祝的文字。开始，人们并不在意，商店老板叫人把木板上的毛笔字洗去，以写新的内容，哪知擦洗了半天，木板上的毛笔字不仅没有擦掉，反而更清晰了。洗不掉，就刨。木板刨了一层，笔迹依稀可见；木板刨了两层，笔迹还能看见。人们惊讶了：这是谁写的字，这样深刻有力！一位懂得书法的老先生来了一看，一个劲地拍案叫绝，在场的人都很奇怪，纷纷围拢来看。老先生说：“这是大书法家王羲之的笔迹啊！这字如此深刻有力，真是入木三分啊！”

王羲之的书法怎么这样深刻有力呢？这与他平常坚持不懈的锻炼有关。有一个“戒珠”的故事可以从侧面说明这一点。

据说王羲之有一颗心爱的明珠。这颗明珠不仅是用来观赏的，王羲之还经常用双手摩挲它，用来增强书写的腕力。有一天，明珠忽然不见了，怎么也找不到。王羲之十分懊恼，是谁偷去了呢？经常在他身边的，除了一个寄住在他家的和尚外，再没有别的外人了……因此，他对这位和尚冷淡起来。这位和尚发现主人对他有怀疑，就以“坐化”为名，不吃东西，饿死了。后来，家人在宰杀白鹅时，发现明珠在大白鹅的肚子里。原来，是大白鹅把珠子吞下去了。事情弄清楚了，王羲之深感自己错怪了和尚，后悔不已，十分悲痛。为了纪念这位清白的和尚，他将住房改建成“戒珠寺”，表示以失落明珠的事件为教训，对朋友应以赤诚相待，不能轻易怀疑人，使人蒙受不白之冤。

作为一个书法家，王羲之不仅自己注意锻炼腕力，增强书写时的笔力，也严格要求后人。他的儿子王献之，很小就在父亲的指导下学习书法。有一次为了检查献之的笔力，王羲之悄悄地站在背后，趁献之集中精力写字时，他猛地用手指夹住儿子手中的毛笔往上拉，谁知献之握笔很紧，毛笔没有被夺下来。王羲之对此很满意，他高兴地说，“这孩子将来能成为书法家”，并当场写了一幅字赠给献之。书法家的笔力真的是下苦功夫练出来的。

中国画简称“国画”，是我国传统艺术形式之一。国画在古代无确定名称，一般称之为丹青，在世界美术领域中自成体系。中国画在内容和艺术创作上，体现了古人对自然、社会及与之相关联的政治、哲学、宗教、道德、文艺等方面的认识。国画主要是用毛笔、软笔或手指，着国画颜料和墨在帛或宣纸上作画，是琴棋书画“四艺”之一。

吴道子学画

唐朝时，有个叫吴道子的人，少年失去父母，只好背井离乡，出外谋生。一天傍晚，吴道子路经河北定州城外时，突然发现前面有一座雄伟壮观的寺院“ 吴道子画观音碑柏林寺”，便走了进去。吴道子迈进院内，从大殿虚掩的门缝里，看见油灯下一位年迈的老和尚正在殿墙上聚精会神地画画。吴道子很好奇，悄悄推开门，轻轻地走了进去，站在老和尚身后看他画画。老和尚一回头，发现一个十来岁的男孩这么出神地看他画壁画，打心里欢喜，便问吴道子：“孩子，你喜欢这幅画吗？”吴道子点了点头。老和尚知道了他的身世后，抚摸着他的头说：“你要愿意学画，就做我的徒弟吧。”吴道子听了忙磕头拜师。

这天，老和尚把吴道子领到后殿，指着雪白的墙壁说：“我想在这空壁上画一幅《江海奔腾图》，画了多次都不像真水实浪。明天我带你到各地江河湖海周游三年，回来再画它。”次日一大早，吴道子收拾好行李，就跟着老和尚出发了。走到哪里，老

和尚都叫吴道子练习画水，开头他还很认真，时间一长，吴道子就觉得有些腻烦了，画起来就不怎么用功了。老和尚把他叫到身边说：“吴道子呀，要想把江河湖海奔腾的气势画出来，非下苦功不可，更要一个水珠、一朵浪花地画。”说罢，老和尚打开随身带的木箱，吴道子一瞅怔住了：这满满一箱画稿，没一张是完整的，上面全是一个小水珠、一朵浪花或一层水波！这时，吴道子才知道自己错了。从此，他每天早起晚归地学画水珠浪花，风天雨天，也打着伞到海边观望水波浪涛的变化。

光阴似箭，一晃三年过去了。吴道子的绘画水平很有长进，得到师父的赞赏。万没料到，回寺的第二天，老和尚竟病倒在床了。吴道子跪在床前真诚地说：“师父，我愿替您画那幅《江海奔腾图》。”老和尚见十五六岁的吴道子，竟说出这样有志气的话，心中大喜，病也好了一半，当下就答应了。于是，吴道子便走进后殿画起《江海奔腾图》来。整整九个月，他不出殿堂，吃喝睡全在里边，精心构思壁画。

深秋的一天，吴道子高兴地跑出后殿，跪在老和尚面前激动地说：“师父，我已把《江海奔腾图》画出来了！请您去观看。”老和尚听后，病竟然全好了！他沐浴更衣，领着全寺院的和尚一同去后殿观赏。吴道子把后殿大门轻轻打开，只见波涛汹涌，迎面扑来！一位和尚大声惊呼道：“不好啦，天河开口了！”众和尚吓得你挤我撞，争着逃命。老和尚心里有底，站在殿门口，看着扑面而来的浪花仰天大笑，冲着吴道子说：“孩子，你画的这幅《江海奔腾图》成功啦！”从那以后，来寺中观赏临摹《江海奔腾图》的文人画师络绎不绝。但吴道子并不骄傲，他更加刻苦地学画，终于成为中国盛唐时期的“画圣”。

爱驴成痴的驴贩子

“文革”期间，以画驴闻名的黄胄一度被污蔑成“驴贩子”。为此，黄胄赶了三年驴，和毛驴相依为命。达观的黄胄却把这种遭遇当作和毛驴相处的好机会。他对自己喂养的小毛驴就像自己的孩子一样，除了给毛驴喂草，还经常用自己的饭票给它买馒头吃，甚至有时还给毛驴喂糖果。在这种境遇下，黄胄不但没有丢失创作热情，反而在和毛驴的相处中日久生情，他笔下的驴在日后与齐白石的虾、徐悲鸿的马、李可染的牛齐名，成为人所共知的名家一绝。《百驴图》是黄胄先生的代表作之一，画上的百头小毛驴，皮毛茸茸，或黑或灰，自备天然墨韵。白嘴、白眼圈、白肚皮，与身上其他处毛色形成黑白对比，浓淡有致。1978年，邓小平同志访问日本时，把一幅《百驴图》作为国礼赠送给日本天皇，此画成为中日两国人民期望世代友好的见证。

海洋文化

面朝大海，春暖花开。

——海子

同学们，海洋是地球上最广阔的水域，海洋的中心部分称作洋，边缘部分称作海，彼此沟通组成统一的水体统称为海洋。地球有四个主要的大洋：太平洋、大西洋、印度洋、北冰洋，其总面积为3.6亿平方千米，约占地球表面积的71%。目前为止，人类已探索的海底只有5%，还有95%大海的海底是未知的。21世纪是海洋的世纪，这里有广阔的天地，天高任鸟飞，海阔任鱼跃。

人类的生命来自海洋，人类的文化起源于海洋。海洋文化，就是和海洋有关的文化，就是缘于海洋而生成的文化，也是人类对海洋本身的认识、利用和因有海洋而创造出来的精神的、行为的、社会的和物质的文明生活内涵。

我们的学校具有丰富的海洋文化资源和深厚的海洋文化底蕴，开设有船舶驾驶、轮机管理、邮轮乘务、航海捕捞、潜水技术、海洋休闲等专业，培养和提高学生的海洋知识和技能。

远洋捕捞

远洋捕捞是指在200米等深线以外大洋区进行捕捞作业。我国是海洋捕捞业大国，随着近海环境恶化与渔业资源枯竭，远洋捕捞业成为海洋捕捞业新的增长点。远洋捕捞产品营养丰富，同时远离人类活动区域，具有无污染、绿色健康的优良特性，对保证人们饮食健康和消费升级具有重要意义。

青岛海洋技师学院开设有航海捕捞专业，与贵州安顺民族中等职业学校和烟台渔业技术学校合作，开展渔业船员培养。

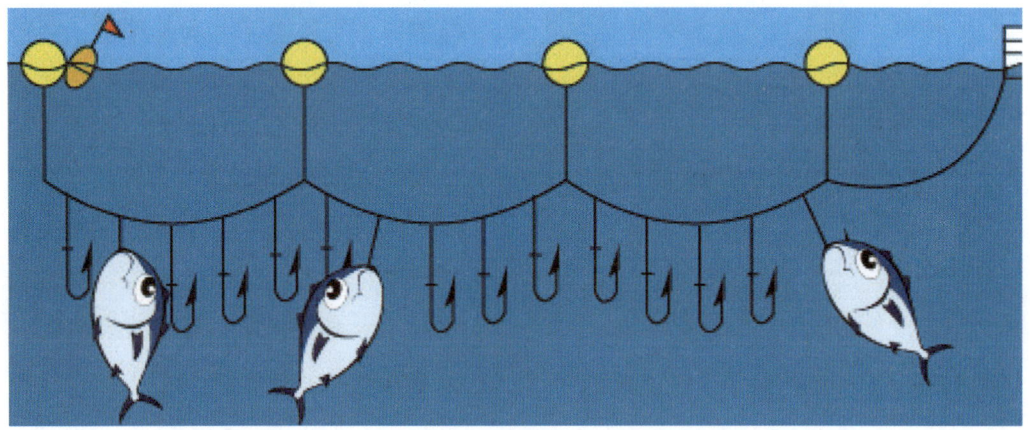

延绳钓

延绳钓是钓具中最主要的一种作业方式，分布面最广，数量和产量最高。基本结构：在一根干线上系结许多等距离的支线，末端结有钓钩和饵料，利用浮、沉子装置，将其敷设于表、中和底层，通过浮标和浮子将干线敷设于表、中层；控制浮标绳的长度和沉降力的配备，将钓具沉降至所需要的水层。作业时随流漂动。一般适用于渔场广阔、潮流较缓的海区。延绳钓一般为金枪鱼延绳钓、鳗鱼延绳钓等。

游泳潜水

游泳是人在水的浮力作用下向上漂浮，凭借浮力通过肢体有规律的运动，使身体在水中前进的技能。游泳分为实用游泳和竞技游泳两大类。实用游泳又分为侧泳、潜泳、反蛙泳、踩水、救护等；竞技游泳分为蛙泳、爬泳、仰泳、蝶泳。常见游泳姿势一般分为爬泳、蛙泳、蝶泳和仰泳。爬泳速度最快，蛙泳姿势比较优美，蝶泳爆发力最强，仰泳最省体力。游泳装备一般有游泳衣裤、泳帽、泳镜、耳塞、浮体物品、浴巾、拖鞋、鼻夹、备用衣裤等。

游泳作为学校的必修课程，是每位同学要掌握的技能。

学游泳

有一个不会游泳的人，他向一位游泳水手求教。水手告诉他游泳是件非常简单的事情，他很快就能学会的。于是这个人就跟着水手来到了海边。到了沙滩上，看到

辽阔的大海，水手兴奋地冲进了波涛里，可是那个不会游泳的人还是呆坐在沙滩上，没有一点动静。水手冲他喊道："来啊，快过来！你不是想学游泳吗？"这个人说："你还没有教会我游泳呢！我怎么能到海里呢？这样太危险了，要是出了差错，谁负责啊？只有我学会了游泳，我才可以下水。"这个人一直也没有学会游泳。

哲学家与船夫

一个船夫在湍急的河中驾驶小船，船上坐着一位哲学家。

哲学家问船夫："你懂数学吗？"

船夫说："不懂。"

"你的生命价值失去1/3。"哲学家说。

"那你懂哲学吗？"

"更不懂。"

"那你的生命失去了1/2。"

正当哲学家与船夫继续交谈时，一个巨浪把船打翻了，哲学家掉到了河里。这时，船夫问：

"你会游泳吗？"

哲学家喊道："不会，不会。"

船夫说："那你的生命价值就失去了全部。"

潜水是为进行水下查勘、打捞、修理和水下工程等作业而在携带或不携带专业工具的情况下进入水面以下的活动。潜水分为专业潜水和休闲潜水。专业潜水主要是指水下工程、水下救捞、水下探险等方面需要有经验的专业潜水人员进行的潜水活动。而休闲潜水是指以水下观光和休闲娱乐为目的的潜水活动，我们平常能接触到的潜水观光就属于休闲潜水，而在海滨旅游景区所看到的绝大多数是休闲潜水中的潜水体验。

学校开设潜水技术专业，学习课程为工程潜水和休闲潜水。

休闲潜水

休闲潜水是一项充满挑战性和趣味性的休闲方式，在人民群众对美好生活需求日益增长的今天，中国每年潜水爱好者以30%的速度增长，发展前景十分广阔。

为了满足社会快速增长的对休闲潜水的需求，中国潜水打捞行业协会(CDSA)非工程潜水技术专业委员会依托青岛海洋技师学院，编制了中国第一部休闲潜水培训团体标准，建立了我国第一个中国休闲潜水培训架构体系，编纂了中国第一套具有独立自主知识产权的休闲潜水培训系列教材，培训出了中国第一批自主培养的休闲潜水教练和潜水员，打破了休闲潜水一直由国外培训机构垄断的格局，开创了新时代中国特色休闲潜水发展的新纪元。

青岛海洋技师学院是中国潜水打捞行业协会潜水员培训基地，中国首批休闲潜水培训基地。

游艇帆船

游艇，是一种水上娱乐高级耐用消费品。它集航海、运动、娱乐、休闲等功能于一体，满足个人及家庭享受生活的需要。在发达国家，游艇像轿车一样多为私人拥有。而在发展中国家，游艇多作为公园、旅游景点的经营项目供人们消费，少量也作为港监、公安、边防的工作手段。游艇是一种娱乐工具这一本质特征，使它区别于作为运输工具的高速船和旅游客船。游艇将会和汽车一样，成为进入家庭的下一代耐用消费品。

学校与青岛奥帆基地合作，在2017年取得国家海事局游艇培训资质，成为青岛所有学校中（含高校）唯一拥有游艇培训资质的学校。学校休闲体育服务与管理专业的学生需要学习游艇驾驶和管理课程，学校编写了《游艇操作技术》教材。

世界上最豪华的游艇

阿扎姆号（Azzam）游艇，由德国卢尔森造船厂建造。该艇长度达到180米，目前是世界上最大的超级游艇。2013年4月，阿扎姆号游艇在德国下水。阿扎姆号的主人为沙特皇室成员阿尔瓦利德·本·塔拉勒·阿苏德王子。这艘游艇长180米，高度相当于12辆双层巴士，造价40亿人民币。这艘游艇拥有超过50套客房，配备50名船员，在某种程度上彰显了船主的身份。这艘游艇的设计与建造极为复杂，堪称游艇史上的一座里程碑。

搁浅的游艇

有两个人驾驶一艘小游艇出海游玩。途中他们发现一个美丽的小岛，便将游艇靠近小岛停下，然后两人兴高采烈地上了小岛。两人一直玩到傍晚退潮的时候，到了岛边他们才发现游艇搁浅了，动弹不得。其中一个人急得要命，想尽各种方法都无法使游艇重新入水。而另一个人却躺在沙滩上，一副若无其事的样子。“你倒是过来帮帮忙啊，难道你一点也不担心吗？”着急的人喊道。躺着的人回答：“现在做什么都无济于事，着急有什么用？等再过一会儿，涨潮了，游艇也就自然回到了水里。”

帆船是利用风力前进的船，是继

舟、筏之后的一种古老的水上交通工具，已有5000多年的历史。按船桅数可分为单桅帆船、双桅帆船和多桅帆船。中国宋、元、明、清时代使用过的帆船有平底沙船、尖底的福船、广船和快速小船鸟船，以及大型战船楼船和运粮的漕船。帆船通常为单体，也有抗风浪性能较强的双体船。帆船主要靠帆具借助风力航行，靠桨、橹和篙作为无风时推进、靠泊与启航的手段。明代郑和率领庞大船队7次出海，到达亚洲和非洲30多个国家，所使用的都是风力驱动的帆船。

我们学校是青岛市帆船运动特色学校，参加青岛国际帆船比赛多次获奖，设有中国当代著名航海家翟墨的工作室。

翟墨，山东新泰郭家泉人，1968年出生，航海家、艺术家。中国首次单人无动力帆船环球航海家。2007年1月6日至2009年8月16日，从中国日照启航，经过八个季节的轮替，沿黄海、东海、南海出境，过雅加达、经塞舌尔、南非好望角、巴拿马，穿越莫桑比克海峡、加勒比海等海域，横跨印度洋、南大西洋、太平洋，经过了亚洲、非洲、南美洲、北美洲的15个国家、地区和岛屿，航行28300海里，完成了中国首次无动力帆船环球航海。2010年2月11日，当选为2009“感动中国”十大人物。颁奖词：“古老船队的风帆落下太久，人们已经忘记了大海的模样。六百年后，他眺望先辈的方向，直挂云帆，向西方出发，从东方归航。他不想征服，他只是要达成梦想——到海上去！一个人，一张帆，他比我们走得都远！”

扬帆远航

“立志勤学，成才报国”是学校的校训。古人云：志不立，天下无可成之事。周恩来年轻时立志“为中华之崛起而读书”，19岁东渡日本求学，写下了“大江歌罢掉头东，邃密群科济世穷。面壁十年图破壁，难酬蹈海亦英雄”的豪迈诗篇。

志向是指人们在某一方面决心有所作为的努力方向。具有不同世界观和人生观的人有不同的志向。从个人来说，志向主要通过选择职业来体现，个人应选择社会需要的、最能发挥个人特长的职业作为志向，并为实现志向而努力奋斗。志向是远大理想，是人生的奋斗目标。

“少年心事当拏云”，同学们要树立远大理想，走向美好未来！走向未来的路不可能是平坦的，只有经过磨难才能走向成功。

一元钱的尊严

在一个春天，一个幻想着发财的农村小伙来深圳找工作，希望在这个充满机遇的大都市里找到自己的位置。他想找一个既轻松又高薪的工作，但一直没能如愿。后来，身上的钱用完了，工作还没有着落，他不得不露宿街头。

一天晚上，他蜷缩在人行道上打盹儿，因衣衫破旧，与露宿街头的乞丐很有几分相似。一个路过的妇女扔给他一元钱，算作施舍。就在他的手即将捡起那张纸币的时候，他身边一个擦皮鞋的女孩却极快地蹿了过来，抢先一步拾起了钱。

“这钱是我的！”女孩理直气壮地说。小伙子气坏了，这不明显是耍横吗？于是，他站起来与女孩争执。

“那个妇女为什么要给你钱？你俩非亲非故，除非你是乞丐！”女孩眨巴着眼睛，狡猾地望着他。“你如果承认你是乞丐，这一块钱我就给你。”

“承认自己是乞丐？”他顿觉心中一惊：“我怎么会是乞丐呢？”他有些愤怒了，为了捍卫自己的尊严，他只有选择放弃。他悻悻地转过身打算离开，女孩却叫住了他：“我知道你已经饿坏了。这样好不好？我将我那擦皮鞋的摊位让给你10分钟，10分钟内如果你接到了生意，你就可以挣到一餐饭钱。”

他不相信这个女孩。女孩诚恳地说：“我说的是真的，你应该接受我的建议。这与接受那一元钱性质不同。如果你拿了那一元钱，是接受施舍；如果你接受我的建议，就是凭劳动挣钱。”

他只觉得心中一热，眼里禁不住有些潮湿。为挣到饭钱，他极力招揽生意。10

分钟内，他还真得到了一笔生意。擦完鞋，那中年男人给了他3块钱，他用这3块钱买了两块面包，当他狼吞虎咽地吃完这两块面包之后，他吞吞吐吐地向女孩提出个请求："你能不能，再帮帮我，帮我买一套擦皮鞋的工具……我也想擦皮鞋。"女孩笑了。

第二天，女孩擦皮鞋的摊位旁边多了一个位子。不久，他与女孩由相识到相知相恋，两人结了婚。后来，他与妻子双双进了一家皮鞋厂打工。再后来，夫妻双双辞职，开了家皮鞋加工店，给客人定做皮鞋。再后来，皮鞋加工店规模越来越大，终于发展成了一家规模不小的工厂，资产达到5000万元。

有人曾提出过"冰激凌哲学"：卖冰激凌必须从冬天开始，因为冬天顾客少，逼迫你降低成本、改善服务。如果能在冬天生存，就再也不会害怕夏天的竞争。同样，只有吃过苦，才知道享受生活的美好，事业若想蒸蒸日上，就必须在逆境中经过一番锤炼。

为理想鼓掌

1981年的秋天，一个15岁的女孩打电话给英国广播公司，说她有个神奇的故事，主人公可以骑着飞天扫帚旅行，问记者能否采访她一下。当时接电话的是默瑟的同事，她不屑地说："这些青涩的中学生就爱弄一些稀奇古怪的事，一点社会价值也没有。"

但默瑟并不这么认为，他想，既然这个孩子敢要求采访，就应该给予鼓励。于是，默瑟驱车前往小女孩的住所——位于英国格洛斯特郡一个名为塔特希尔的小村庄。女孩的家是一栋讲究的小楼，面积不大，哥特式建筑，四周环绕着美丽的院子。默瑟不禁被这栋漂亮的建筑深深地吸引了。女孩很热情地接待了默瑟，并落落大方地说出了她的故事梗概。这个故事世界里充满了奇迹、神话、魔法。女孩的故事还没有说完，母亲就打断了她，笑着对默瑟说："记者先生，她还是个孩子，不知天高地厚，有不妥的地方，还请多包涵。"

默瑟默默地点点头，示意女孩继续讲下去，看来他被故事吸引了。女孩的家人焦急地看着女孩把故事讲完，心情忐忑地看着默瑟。没想到默瑟出人意料地鼓起掌来，并赞叹地说："姑娘，你的故事很精彩，具有极强的魔幻风格，希望你写出来，一定会成功。"听到这里，家人也都热烈鼓掌。

临走时，默瑟对女孩说："哪天你出书了，记得告诉我，我再来采访你。"女孩感激地点着头，眼里饱含着憧憬。没想到，这个约定让默瑟先生等了14年。

1995年，已经升为广播公司制片人的默瑟想起了那个女孩，他决定再次前往塔特希尔采访，却发现这栋建筑正在出售。默瑟环视一周后，果断地以2万英镑的价格收购。后来，默瑟从女孩父亲的口中得知，1983年女孩离开家进入埃克塞特大学攻读法语与古典文学，后来前往巴黎留学，随后又回到英国伦敦工作。默瑟随即给女孩写了一封信，信的最后写道："塔特希尔，这里有我们美好的约定，相信你。"

时间到了1997年，默瑟突然接到一个电话，说她的书即将出版，能否采访一下。默瑟激动万分，欣然前往。"楼梯下的碗柜、咯吱作响的窖门、哥特式建筑……"默瑟翻开新书贪婪地读着，书中的场景让他想到了塔特希尔，不难看出作者的很多灵感都来自村庄。

很自然的，默瑟拿到了新闻的头条，在英国新闻界引起了巨大的轰动。这部小说就是后来声名鹊起的《哈利·波特与魔法石》，全世界都为之喝彩的魔幻世界。当年的这个小女孩就是作者乔安妮·凯瑟琳·罗琳，她的7部《哈利·波特》系列小说风靡全球。

如今，这栋建筑已经成为哈利·波特文化的旅游胜地，每天游人如织，房子的售价也飙升至40万英镑。

多年后，罗琳故地重游，她对记者深情地说："我的成功离不开默瑟先生的鼓励，他当年的掌声给了我信心和力量。""为他人的理想鼓掌"，默瑟先生没有想到，他那平凡的举动，却带给罗琳不平凡的人生。生活中，不要吝啬我们的掌声，或许哪天就能带来意想不到的成功。

我们的理想属于未来，为我们的理想鼓掌，创造美好的未来！

可怜的骡子

从前，一头骡子从小就在磨坊里拉磨，日复一日地绕着石磨兜圈子，勤勤恳恳。有一天，它终于老得拉不动石磨了。主人觉得他劳苦功高，就决定把它放生到大自然中，享受自由，在绿草蓝天中度过余生。但这头骡子从来没有享受过这样的自由，从它记事的时候开始，就只知道拉磨，在宽阔无垠的大草原上，骡子吃饱以后，没有任何事情可做，就围绕一棵树不断地兜圈子，直到最后死在树下。

民国时期，著名的国学大师黎锦熙在湖南办了一份报纸，那时他请了三个抄写员。

第一位抄写员：把自己的工作做得很好，但只是老老实实地抄写文稿，就算错别字也照抄不误，他的名字一直没人知道。

第二位抄写员：工作很认真，总是把每一份文稿仔细检查，抄写时发现错字与病句，就改正过来，后来他写了一首歌，叫《义勇军进行曲》，他的名字叫田汉。

第三位抄写员：他抄写时仔细地看每份文稿，但他只抄写与自己意见相符的文稿，而那些意见不同的文稿则被他扔掉，一句话也不抄。这个人后来带领人民建立了以《义勇军进行曲》为国歌的国家，他的名字是毛泽东。

下篇
学会生存

职业目标

在一个崇高的目标支持下，不停地工作，即使慢，也一定会获得成功。

——爱因斯坦

同学们，在校园中学习专业知识和技能，是为了更好地走向职场，更好地发挥我们的职业能力，从而更好地生存，过上我们自己想要的生活。

进入职场，提升自己、发展自己很重要。

目标要明确

其实，很多人之间的差别不在于学历、能力、环境，而在于是否能对自己的人生提前进行规划，并不断朝着目标努力。目标对人生有巨大的导向性作用。

费罗伦丝.查德威克

1952年7月4日凌晨，加利福尼亚海岸起了浓雾。在海岸以西21英里的卡塔林纳岛上，一个43岁的女人准备从太平洋游向加州海岸。她叫费罗伦斯丝·查德威克。

那天早晨雾很大，海水冻得她身体发麻，她几乎看不到护送她的船。时间一个小时一个小时地过去，千千万万人在电视上看着。有几次，鲨鱼靠近她了，被人开枪吓跑了。

15小时之后，她又累又冷，冻得发麻。她知道自己不能再游了，就叫人拉她上船。她的母亲和教练

在另一条船上。他们都告诉她海岸很近了，叫她不要放弃。但她朝加州海岸望去，除了浓雾什么也没看到……

人们拉她上船的地点，离加州海岸只有半英里！后来她说，令她半途而废的不是疲劳，也不是寒冷，而是因为她在浓雾中看不到目标。查德威克小姐一生中就只有这一次没有坚持到底。

没有蓝图，无法建成高楼大厦；没有目标，难以拥有美好的人生。有目标，生活才不会盲目；有追求，生活才会有动力。有什么样的目标，就有什么样的人生！目标很重要。

一位牧师的墓志铭

内德·兰塞姆是法国里昂最著名的牧师，无论在穷人区还是富人区都享有很高的威望。他一生有1万多次在临终者面前，聆听他们的忏悔。

他84岁时，衰老得无法再走近需要他的人。一天，一位老妇人来敲他的门，说她的丈夫快不行了，临终前很想见见他。兰塞姆不愿让这位老妇人失望，在别人的搀扶下，来到了临终者床前。

临终者是位布店老板，已72岁，年轻时曾经和著名的音乐家卡拉扬一起学吹小号。他说他很喜欢音乐，当时他的成绩远在卡拉扬之上，老师也非常看好他的前程。可惜20岁时他迷上了赛马，结果把音乐荒废了，否则他一定是一位出色的音乐家。现在生命快要结束了，一生庸碌，他感到非常遗憾。他告诉兰塞姆，到另一个世界后，如果再选择，他绝不会再干这种傻事，他请上帝宽恕他。兰塞姆很体谅他的心情，尽力安抚他，并告诉他，这次忏悔对牧师也很有启发。

后来，兰塞姆想把他60多本日记编成书，内容全是这些人的临终忏悔，但它们因里昂大地震而毁于一旦。这时他已是90高龄了。兰塞姆去世后，安葬在圣保罗大教堂。墓碑上工工整整地刻着他的手迹：假如时光可以倒流，世界上将有一半的人可以成为伟人。

为什么兰塞姆说“假如时光可以倒流，世上将有一半的人成为伟人”？在现实生活中，许多人都是白了少年头，空悲切。如果想要自己的一生活得多彩多姿，年老时没有懊悔、没有遗憾，我们现在就应该对自己有更多的了解及准备，去迎接自主的岁月。如果我们从现在起就确定好适合自己的职业目标，并在今后的岁月中坚持不懈地努力追求，我相信我们终归会有所收获。我们的职业定会走向成功，绝不会老了才后悔。生活有目标，犹如航行有灯塔。人生有方向，才不至于碌碌无为而虚度光阴。

同学们，有目标，生活才不会目盲，职场更要有目标。职业目标分为长远目标、阶段目标、近期目标。长远目标是确立的最远期的奋斗目标；阶段目标介于近期目标与长远目标之间，起着承上启下的作用；近期目标是我们所面临的第一个目标。千里之行，始于足下……

目标要具体

马拉松冠军眼里的目标

在日本东京国际马拉松邀请赛中，名不见经传的日本选手山田本一出人意料地夺得了冠军。当记者问他凭什么取得如此惊人的成绩时，他说了这么一句话：“凭智慧战胜对手。”在意大利国际马拉松邀请赛中，他又获得了冠军。记者又请他谈谈经验，不善言谈的山田本一回答的仍是那句令人费解的话：“用智慧战胜对手。”

当时许多人并不理解这句话。这个谜终于被山田本一的自传解开了：每次比赛之前，他都要乘车把比赛的线路仔细看一遍，并画一幅赛程图，把沿途比较醒目的标志记下来，比如一个银行、一棵大树、一幢红房子……并将它们设定为阶段目标。比赛开始后，山田本一就奋力地向第一个目标冲去；等达到这个阶段目标后，他又向第二个目标冲去。40多公里的赛程，就这样被他分解成许多个小目标，一个一个加以“解决”。

在运动生涯初期，山田本一并不懂得这样的道理，而是把目标定在40多公里外的终点线上，一开始就如冲刺般猛跑，结果跑到十几公里时就疲惫不堪了。后来他懂得应用科学规划、细分目标来激励自己，终于取得了职业生涯的辉煌。

如果我们学会将目标进行分解，把大目标分解成小目标，把长远目标分解成短期目标，把模糊的目标分解成具体、清晰的目标，那么我们就一定能实现自己的目标。

目标细化等于财富的积累

美国一位名叫罗伯·舒乐的博士，在自己身无分文的情况下，却立志要在加州建造一座水晶大教堂，这座教堂的预算造价为700万美元。

舒乐博士首先在一张白纸上，写下了自己实现目标的奇特计划：

寻找1笔700万美元的捐款；

寻找7笔100万美元的捐款；

寻找14笔50万美元的捐款；

寻找70笔10万美元的捐款；

寻找100笔7万美元的捐款；

寻找140笔5万美元的捐款；

寻找280笔7万美元的捐款；

寻找700笔1万美元的捐款。

他把700万美元这个大目标，一次又一次地分割成小目标，最终分割到1万美元，他1万美元1万美元地募捐，一点一滴地筹集，历时12年，一座最终造价2000万美元、可容纳1万多人的水晶大教堂竣工了。这座水晶大教堂成为世界建筑史上的奇迹与经典，也成为世界各地前往加州的人必去的游览胜地。

在确定人生梦想的时候，我们往往被即将制定的大目标所吓倒，认为是不可能的，从而失去了追求成功的勇气。但不仅跬步，无以至千里，任何大目标都是由小目标积累而成，故此，我们应当学会分解目标，把它化解成人生旅途中的一个个希望，渐渐地你就会获得财富学识的积累，而当初所定的目标也会在这个过程中日积月累，最终达成，实现你的理想与人生价值。没有不可能办到的事情，只要你愿意用心去对待，用科学的方法持之以恒，就一定可以达成。

播种希望，收获奇迹

多年前，美国一家报纸刊登了一则园艺所重金征求纯白色金盏花的启事，在当地轰动一时。高额的奖金让许多人趋之若鹜。但在千姿百态的自然界中，金盏花除了金色的，就是棕色的，能培植出白色的，不是一件易事。所以许多人一阵热血沸腾之

后，就把那则启事抛到了九霄云外。

一晃就是20年，一天，当年那家刊登启事的园艺所意外地收到了一封热情的应征信和一粒纯白金盏花的种子。当天，这件事就不胫而走，引起轩然大波。

原来，寄种子的是一位年已古稀的老人。老人是一个地地道道的爱花人。20年前，当她偶然看到那则启事后，便怦然心动。她不顾8个儿女的一致反对，义无反顾地干了下去。她撒了一些最普通的种子，精心种植。一年之后，金盏花开了，她从那些金色的、棕色的花中挑选了一朵颜色最淡的，任其自然枯萎，以取得最好的种子。次年，她又把它们种下去。然后，再从这些花中挑选颜色最淡的花种栽种……日复一日，年复一年。终于，20年后的一天，她在那片花园中看到一朵金盏花，它不是几乎白色，也并非类似白色，而是如银如雪的白。一个连专家都解决不了的问题，竟然在这位不懂遗传学的老人手中迎刃而解！

任何成功的起点都是源于明确的目标。老妇人是把金盏花种在了心田，才能创造出奇迹。

心理学家的试验

某天，一个心理学家做了这样一个实验：他组织三组人，让他们分别向着10公里以外的三个村子进发。

第一组的人既不知道村庄的名字，也不知道路程有多远，只被告知跟着向导走就行了。刚走出两三公里，就开始有人叫苦；走到一半的时候，有人几乎愤怒了，他们抱怨为什么要走这么远，何时才能走到头，有人甚至坐在路边不愿走了；越往后，他们的情绪就越低落。

第二组的人知道村庄的名字和路程有多远，但路边没有里程碑，只能凭经验来估计行程的时间和距离。走到一半的时候，大多数人想知道已经走了多远，比较有经验的人说："大概走了一半的路程。"于是，大家又簇拥着继续往前走。当走到全程的四分之三的时候，大家情绪开始低落，觉得疲惫不堪，而路程似乎还有很长。当有人说“快到了”时，大家又振作起来，加快了行进的步伐。

第三组的人不仅知道村子的名字、路程，而且知道公路旁每一公里都有一块里程碑，人们便边走边看里程碑，每缩短一公里大家便有一小阵的快乐。行进中他们用歌声和笑声来消除疲劳，情绪一直很高涨，所以很快就到达了目的地。

我们当中的大多数人可能属于第二组类型的人。这些人有人生职业目标，但是只能凭借经验来办事，缺乏系统科学地思考问题，没有明确的工作思路，没有实现目标的保证措施，这样往往影响了他们成功的概率，并且可能让成功与他们失之交臂。

当人们的行动有了明确的目标，并能把自己的行动与目标不断地加以对照，进而清楚地知道自己的行进速度和与目标之间的距离时，人们行动的动机就会得到维持和加强，就会自觉地克服一切困难，努力达到目标。在生活中，之所以很多人做事会半途而废，往往不是因为难度较大，而是觉得距离成功太遥远。他们不是因失败而放弃，而是因心中无明确而具体的目标乃至倦怠而失败。如果我们懂得分解自己的目标，一步一个脚印地向前走，也许成功就在眼前。

同学们，我们要明确职业目标，但是在人生的道路上，怎样才能找到最适合自己的目标？怎样才能定位好自己的目标，选准方向呢？

垂钓

几个人在岸边垂钓，旁边几名游客在欣赏海景。只见一名垂钓者竿子一扬，钓上了一条大鱼，足有三尺长，落在岸上后，仍腾跳不止。可是钓者却用脚踩着大鱼，解下鱼嘴内的钓钩，顺手将鱼丢进海里。周围围观的人痛惜不已，这么大的鱼还不能令他满意，可见垂钓者的雄心之大。就在众人屏息以待之际，钓者鱼竿又是一扬，这次钓上的是一条两尺长的鱼，钓者仍是只看一眼，就顺手把鱼扔进海里。第三次，钓者的钓竿再次扬起，只见钓线末端钩着一条不足一尺长的小鱼。众人以为这条鱼也肯定会被放回海里，不料钓者却解下鱼钩，小心地把小鱼放回自己的鱼篓中。游客百思不得其解，就问钓者为何舍大而取小。想不到垂钓者的回答是：“因为我家里最大的盘子

只不过有一尺长，太大的鱼钓回去，盘子也装不下。”

人生的道路上，找到适合自己的目标就是最好的。否则，你将会永远挣扎于不满意的情绪之中，无法自拔。

西邻五子食不愁

在《泾野子内篇》一书中，记录着一位西邻。西邻老先生有五个儿子，长子质朴，次子聪明，三子目盲，四子背驼，五子脚跛。按照常理看，这家人的日子真难过。可是西邻对自己的儿子各有安排：老大质朴，正好让他务农；老二聪慧，正好让他经商；老三目盲，正好让他按摩；老四背驼，正好让他搓绳，干一天下来不觉得累，工作效率挺高，要是一般的人干这个，他的腰肯定受不了；老五足跛，正好让他纺线，他把防线车放在桌子上，他就坐在那个地方，用手摇，工作效率也很高。就是这样一个与残疾人俱乐部差不多的家庭，不愁吃，不愁喝，过上了其乐融融的小康生活。

每个人都有获得成功的本领，关键在于要定好目标，选准方向。只有善于发现自己的优点，从事擅长的工作，并朝着既定目标前进，才会获得成功。

成为商人的乞丐

一个乞丐站在地铁出口卖钥匙链。一名商人路过，向乞丐面前的杯子里投入几枚硬币，匆匆而去。过了一会儿后，商人回来取钥匙链，说：“对不起，我忘了拿钥匙链，因为你我毕竟都是商人。”

几年后，这位商人参加一次高级酒会，遇见一位衣着光鲜的老板向他敬酒致谢并说：“我就是当初卖钥匙链的那位乞丐。”生活的改变，得益于商人的那句话。

萨克雷说过：“生活是一面镜子，你对它笑，它就对你笑；你对它哭，它也对你哭。”其实成功也是这样的，你认为你行，你就能行；你认为你不行，那就真的不行。

每次只追前一名

一个女孩，小的时候由于身体纤弱，每次体育课跑步都落在最后。这让好胜心极强的她感到非常沮丧，甚至害怕上体育课。这时，女孩的妈妈安慰她："没关系的，你年龄最小，可以跑在最后。不过，孩子，你记住，下一次你的目标就是——只追前一名。"

小女孩点了点头，记住了妈妈的话。再跑步时，她就奋力追赶她前面的同学。结果从倒数第一名，到倒数第二、第三、第四……一个学期还没结束，她的跑步成绩已经到了中游水平，而且她也慢慢地喜欢上了体育课。

接下来，妈妈把"只追前一名"的理念，引入她的学习中，"如果每次考试都超过一个同学的话，那你就非常了不起啦"！

就这样，在妈妈这种理念的引导教育下，这个女孩2001年居然从北京大学毕业，并被哈佛大学以全额奖学金录取，成为当年哈佛教育学院录取的唯一一位中国应届本科毕业生。她就是朱成。其后，朱成在哈佛教育学院攻读硕士学位、博士学位。读博期间，她当选为有11个研究生院、1.3万名研究生的哈佛大学研究生总会主席。这是哈佛370年历史上第一位中国籍学生出任职位，当时引起了巨大轰动。

"只追前一名"，就是所谓的"够一够，摘桃子"。没有目标就失去了方向，没有期望便失去了动力。但是，目标太高、期望太大的结果，不是力不从心，便是半途而废。明确而又可行的目标，真实而又适度的期望，才能引领人脚踏实地、胸有成竹地朝前走。

四只毛毛虫

四只长大的、爱吃苹果的毛毛虫各自去森林找苹果吃。

第一只毛毛虫根本就不知道这是一棵苹果树，没有目的，不知终点；没想过什么是生命的意义，为什么而活着。

第二只毛毛虫知道这是一棵苹果树，找到了一个大苹果就扑上去大吃一顿，但它发现如果选择另外一个分支，它就能得到一个更大的苹果。

第三只毛毛虫知道自己想要的就是大苹果，并制订了一个完美的计划，最后，这只毛毛虫应该会有一个很好的结局。但是真实的情况往往是，因为毛毛虫的爬行速度非常缓慢，当它抵达时，苹果不是被别的虫子捷足先登，就是苹果已熟透而烂掉了。

第四只毛毛虫做事有自己的规划。它的目标不是一个大苹果，而是一朵含苞待放的苹果花。它计算着自己的行程，结果如愿以偿，得到了一个又大又甜的苹果，从此过着幸福快乐的日子。

同学们，我们选择目标应该是具体和可以触摸到的。四只毛毛虫都有自己的目标，更何况我们人类？我们不能像第一只毛毛虫那样毫无目标，一生盲目，没有自己人生的规划，不知道自己想要什么。遗憾的是，我们大部分的人都是像第一只毛毛虫那样活着。第二只毛毛虫虽然知道自己想要什么，但不知道该怎么去得到苹果，在习惯的正确标准指导下，做出了一些看似正确却使它渐渐远离苹果的选择。曾几何时，正确的选择离它是那么接近。第三只毛毛虫有非常清晰的人生规划和正确选择，但目标过于远大，行动过于缓慢，成功对它来说，已是明日黄花，机会、成功不等人。第四只毛毛虫不仅知道自己想要什么，也知道如何去得到自己的苹果，以及得到苹果需要什么条件，它先制订清晰实际的计划，在目标的引领下，一步一步地实现自己的理想。

目标要实施

目标需要计划

戴尔·卡耐基(Dale Carnegie，1888年11月24日—1955年11月1日)，美国著名人际关系学大师，美国现代成人教育之父，西方现代人际关系教育的奠基人，被誉为是20世纪最伟大的心灵导师和成功学大师。

戴尔·卡耐基利用大量普通人不断努力取得成功的故事，通过演讲和写书唤起无数陷入迷惘者的斗志，激励他们取得辉煌的成功。其在1936年出版的著作《人性的弱点》，70年来始终被西方世界视为社交技巧的圣经之一。他在1912年创立卡耐基训练班，以教导人们人际沟通及处理压力的技巧。卡耐基将他一生中最重要、最丰富的经验，汇集在《如何赢取友谊与影响他人》一书中，这本充满乐趣、充满智慧的书，在生活中一定会给予读者启迪，使其勇敢地克服自己的弱点和自卑，大胆地开拓新生活之路。

有一位公司的老板去拜访卡耐基，看到卡耐基干净整洁的办公桌感到很惊讶。他问卡耐基：“卡耐基先生，你没处理的信件放在哪儿呢？”

卡耐基说：“我所有的文件都处理完了。”

“那你今天没做的事情又推给谁了呢？”老板紧接着问。

“我所有的事情都处理完了。”卡耐基微笑着回答。看到那位老板困惑的神态，卡耐基解释说：“原因很简单，我知道我需要处理的事情很多，但我的精力有限，一次只能处理一件事情，我就按照所要处理事情的重要性，列一个顺序表，然后一件一件地处理。”说到这儿，卡耐基双手一摊，耸了耸肩。

“我明白了，谢谢你，卡耐基先生。”几周以后，这位公司的老板请卡耐基参观其宽敞的办公室，对卡耐基说：“卡耐基先生，感谢你教给了我处理事务的方法。过去，在我这宽大的办公室里，我要处理的文件、信件都堆得和小山一样，一张桌子不够，得用三张桌子。自从用了你说的办法以后，情况好多了。瞧，我再也没有没处理完的事情了。”

这位公司的老板，就这样找到了处理很多事情的办法。几年以后，他的公司规模越来越大，而他处理公务游刃有余，还经常抽出时间陪家人度假。

给自己一个梦想、一个目标，把它们深藏于心，每天不断地提醒自己，目标一定会实现，为了这个目标，要制订出详细而周全的计划，不时地检验计划的执行情况，你就一定能够如愿以偿。

求职面试

写完履历表了吗？看看这项调查……

人事经理阅读每份履历表所花的时间，介于 30 秒至 4 分钟。

——彼德·伯恩斯坦

同学们，找工作是一项系统工程，既讲究求职方式，也需要运用求职技巧，还需要把握求职心态。在树立职业目标后，如何在求职人员中脱颖而出，顺利地找到心仪工作呢？首先要进行简历的准备与投递。

现在网上有很多的简历模板，基本包含如下几部分内容。

1.基本信息：包括姓名、性别、年龄、家庭地址、户籍所在地、主要联系方式等，注意联络方式一定要清晰、准确。

2.自我评价：内容真实、丰富、有特点。

3.水平能力：重点突出核心知识、通用技能和核心技能。

4.实习经历：在校期间组织或参与过什么与岗位能力相关的活动，或企业实习的内容和体会。

5.教育经历：职校毕业生应特别强调与求职意向关联的专业和技能情况。

6.获奖经历：与求职意向有关或展现综合能力的获奖情况。

7.求职意向：求职岗位要明确，切忌一份简历应聘两个或两个以上的岗位。

求职简历

（一）制作简历

又是一年毕业季，某大型国企招聘40名技术人员的启事引起了同学们的广泛关注，纷纷准备简历想要应聘。小王拿出早已准备好的通用简历，直接打印投递，美美地想着兵贵神速，企业一定会看到他的积极，优先考虑。小满则通宵达旦地写着自己的简历，为了全面展示自己的优点，从卫生标兵到课代表，从体育成绩到技能大赛的成绩，事无巨细地写了满满8页纸，暗想，如此全面发展的自己，一定能打动招聘官。一旁的小美感觉自己的简历太过简单，想再丰富一下，可是又没什么可写的亮点，发愁之际，忽然看到前些天刚拍的写真照片，于是灵机一动，精心挑选了几张青春靓丽的照片加入简历，配上精美的排版，真是赏心悦目啊。小北也在努力寻找自己的亮点，虽说参加过几次技能比赛，但都没有取得什么好的名次，有点拿不出手，于是又简单地总结了参赛的得失和对行业的认识，看着自己仅有一页的简历，心里忐忑不安。小南则不慌不忙，等别人都写完了，找来几个同学的简历东拼西凑，速成了一份高大上的简历，招聘40个人，进入面试还是很有可能的。这几位同学的应聘会成功吗？

（二）投送简历

毕业生小张穿梭于各个招聘会，每次都将手中厚厚的一叠简历全部投出，三天后，真的有单位打来电话通知他面试，可是小张已经不记得这家单位的具体信息，只好硬着头皮问对方："请问单位的地址在哪里？招聘的岗位是什么来着？"电话的另一端直接回复："抱歉，你不用来参加面试了。"一次面试的机会就这样错过了……

同学小吴却很羡慕小张，至少投出的简历还有回应，自己投出的简历却始终没接到过面试电话。于是更加勤奋地每天在网上不停地投递和刷新简历，短短几天就发送了近千封简历邮件。几天后，收到的不是面试电话，而是"邮箱涉嫌发送垃圾邮件，已被限制收发邮件服务”的短信。同时，他也在招聘平台上被投诉恶意应聘，结果适得其反。

小陈看中了一家心仪的公司，并针对岗位修改了简历。参加招聘时，虽然应聘的人很多，小陈还是准备碰碰运气。两天后的早晨，依然没有接到通知的小陈主动给公司打电话问询结果，工作人员记下他的信息后请他再等等，果然转天就接到了面试通知。

以上同学的经历告诉我们，投递简历也是需要技巧的。

1.做好投递记录。建议有目标性地投递简历，并记录下各家公司的基本信息。

2.适时修改简历。建议准备两份简历，一份通用版本，一份职业目标性更明确的版本。

3.注意投递时间。建议在工作日的9:00及14:00邮寄电子简历，许多单位一般周二和周五查看邮箱的概率会更高。

4.注意投递礼仪。建议当邮件显示已读后，可再发一封感谢邮件，并简短地说明自己对企业和岗位的兴趣以及自身相关亮点。切忌狂轰滥炸式的骚扰。

5.主动电话问询。建议投出简历后，在适当的时间主动电话问询结果，显示出积极渴望的态度，能通过交流展示良好的沟通能力则更佳。

如果通过以上的努力，简历被认可，得到面试机会，则说明我们离求职成功又迈进了一步。

面试

面试是一种经过组织者精心策划的招聘活动。在特定场景下，以招聘者与应聘者的面对面交谈和观察为主要手段，由表及里地测评应聘者的知识、能力、经验等有关素质的考试活动。面试给公司和应聘者提供了进行双向交流的机会，能使公司和应聘者之间相互了解，从而使双方都可更准确地做出聘用与否、受聘与否的决定。

简而言之，面试就是要选拔出优秀的人才。古往今来的应聘者们，用自己的故事告诉我们在面试中应该如何表现。

（一）面试中应该体现的基本素养

1.自信的气质

清代乾隆年间，江西萍乡有位寒窗苦读的勤奋儒生叫刘凤诰，年纪轻轻就已熟读“四书五经”，对唐诗宋词也造诣颇深，背诵如流，因而县试、乡试、会试连连及第。可惜刘凤诰相貌丑陋，又只有一只眼睛。按照当时规定，五官不全者是不能及第入仕的。事又凑巧，这次会试的主考是位爱才之辈，他硬着头皮将刘凤诰举荐给了皇上。乾隆帝为避以貌取人之讳，决定亲临保和殿面试。这日，乾隆帝高坐在御椅上，骄矜而笑，口出上联令刘凤诰应对：“独眼不登龙虎榜。”这上联既含讥讽，又大泼了冷水。才华横溢的刘凤诰挺胸昂首，接口便对：“半月依旧照乾坤！”乾隆帝见其有如此气魄，暗自惊叹，复又出句令对：“东启明，西长庚，南箕北斗，朕乃摘星汉！”刘凤诰不卑不亢，当即应答曰：“春牡丹，夏芍药，秋菊冬梅，臣是探花郎！”乾隆帝见其如此沉稳自信、才思敏捷，且对仗工整、韵律和谐，不禁龙颜大悦，当即御笔一圈，钦点刘凤诰为殿试探花，金榜题名。

2.机敏的反应

明代文学家李梦阳,有一年督学江西，担任主考官，发现应试秀才的花名册上有一考生与他同名，感到可笑，于是在唱名时，与那同名秀才幽了一默：“小老弟与本官同名，真乃巧事，本官理当照顾。这样吧，我出一联让你来对，倘能当堂应对，你就算中举了。倘若对答不上，就请回去再苦读三年，下届乡试再来。”那秀才也算是一位满腹文才的孔门儒生，听后微笑答曰：“大人倘出言不悔，请出句。”李梦阳出了那精心构思的诙谐上联：“蔺相如，司马相如，名相如，实不相如。”此上联以其名同人不同，切合自己与那考生同名，暗含揶揄之意。那考生听后一沉吟，拱手便对：“魏无忌，长孙无忌，尔无忌，吾亦无忌。”此下联以其名“无忌”，双关两方不要忌讳。李梦阳十分欣赏这考生的机敏才智，当即点其为本科举人，后来予以重用。

3.真诚的品格

在一家著名网络公司的招聘面试中，毕业于文科专业的小李和众多计算机网络专业的毕业生同台竞争。当考官询问“有哪些工作经历”时，其他应聘者都把自己的从业经历包装得相当完美，介绍时全都是溢美之词，唯有小李讲述了自己的失败经历和感悟：“我上大一时，交50元中介费找家教兼职，左等右盼终于找到一份，却因家长过于挑剔，自己主动辞职，钱打了水漂儿。而同学在网上发布广告宣传自己，几乎没有花费便同时找到3份家教工作，其中还有网络远程授课。我从中感受到网络的便捷与强大，于是自修考取了网络工程师的证书。”考官听完这段真实的经历和感悟，认为小李不仅态度真诚，而且具有很好的自学能力，是一个可造之才，于是当即决定录用小李。

4.积极的态度

某知名公司的招聘启事一经发布，就吸引了众多应聘者。为了更好地遴选出企业需要的人才，决定开展两轮面试层层选拔。一试中，上百人被分成10个小组进行考核，然后请所有人三天后等通知。小南等了几天都没有消息，于是主动给公司打电话询问面试结果，工作人员请示后，让他明天来参加第二轮面试。小南欣喜道谢后，开始认真准备。

第二天到了公司后，小南才发现一共只有10个人被选中参加这轮面试。面试官在“一对一”的面试中，询问他对薪酬有什么要求，小南把自己的真实想法说了一通，觉得自己目前还没有谈薪酬的条件，自己的实际工作能力也还没有得到发挥，这时候是无法去估量它的价值的。回答的同时，小南注意到面试官轻轻点了点头。结束时，面试官说他并不是人事部门的负责人，主管出差了，所以最后的面试结果还要等主管回来决定。

又过了两天，小南还没有等到面试结果，于是又打了个电话过去。这次工作人员请示后直接通知他下午到指定地点参加体检，见习名单等体检结果出来后再决定。

体检后一周还是没有消息，小南又给公司打了第三次电话。工作人员在听到他的名字后，主动提出可以帮他去人事部问问看。5分钟后，小南等到了下周一可以开始参加见习的回复。

经过见习期的良好表现，现在小南已经被公司正式录取了。在公司的一次聚会中，小南才知道几次面试的名单中都没有自己，是他的三个电话为自己赢得了三次机会。人事主管对他说：“小南，你很主动。尽管你不是面试中最优秀的，但公司看中的就是你这种积极主动的精神。是你为自己赢得了这个工作机会，好好干吧！”

5.良好的仪态

学习文科的小章外形靓丽、成绩优异，还多次在杂志上发表过文章，在学校里是风云人物。毕业后到知名杂志社应聘，当天，小章化了浓妆，显得十分成熟。面试开始，不等面试官发问，便滔滔不绝地介绍起自己发表过的作品，又说自己擅长策划，有当领导的才能。一边表达，还一边拨弄头发。面试官微微皱了下眉，拿出一篇文章让她点评，小章扫了两眼，把文件夹往桌上一扔，就开始将文章批驳得一无是处，当她想开始描述自己的构思时，却被面试官无情地打断了。小章原以为会很顺利地通过面试，结果却这样戛然而止，最后情况可想而知。

在学校略显普通的小玲也来面试编辑职位，她一身学生打扮，显得青春靓丽、自信从容。面对面试官的提问，小玲条理清晰、语气平缓、有问必答，在作答岗位职责时先叙述了向前辈虚心请教的工作职责和岗位要求，又加入了自己的理解。整场表现落落大方、温文尔雅，面试十分顺利。

在面试中，招聘方也在默默地观察你的一举一动，试图以小见大、见微知著，窥探出你在回答问题时所表现出来的综合素质、心理素质和抗压能力。俗话说，细节决定成败，同学们可不要输在细节上啊！

（二）面试中应该注意的细节问题

1.谈话应顺其自然。注意内容要切中要害，不谈无关、无用的内容，条理要清晰、层次要分明。自我介绍时间最好把握在1分钟左右。切忌随意插话和固执己见。

2.留意对方反应。交谈中很重要的一点是把握谈话的气氛和时机，这就需要随时注意观察对方的反应。如果对方的眼神或表情显示对你所涉及的某个话题已失去了兴趣，应该尽快找一两句话将话题收住。

3.有良好的语言习惯。良好的语境可以营造良好的面试氛围，应聘者不仅要表达流利，用词得当，还要注意语音语调自然，音量和语速要适中，尽量避免因紧张而出现的张口结舌或语速加快现象。

4.肢体语言禁忌。一些不经意的小动作也会影响面试的成败，比如边说话边拽衣角；跷二郎腿或两手交叉于胸前；拨弄头发或眼神飘忽；夸张的肢体动作；不停地看表，都会让考官看出你的紧张焦虑，给人留下不自信、浮躁的印象。因此，求职时一定要注意坐姿端正，双脚平放，放松心情，最好能面带微笑，眼睛看着谈话者，同时身体微微前倾。

5.着装得体

适宜的装扮容易给予招聘者留下良好的印象，也是一种礼貌的行为。面试时的着装应该注意以下几点。

首先，着装必须整洁。无论如何，招聘者不会将一个不修边幅、邋遢不洁的应聘者作为首选。整洁意味着你重视这份工作，重视这个单位，也重视你今后代表的企业形象。整洁并不代表过多的装扮，因此一定要挑选洗得干净、熨烫平整挺括的衣服。

其次，着装应当简单大方、协调统一。要避免过多的装饰或奇装异服，着装应与所申请的职位相符，如银行、政府部门等会是比较正统的着装，公关和时尚杂志则需要你的面试着装有一定的流行因素。

再次，对于应届生来说，企业会允许他们还保留学生气的打扮，这样也可以为面试着装节省开支。

另外，头发的整齐清洁也是非常重要的。无论男性或女性，干净利落的发型比较适合面试。

（三）面试中可能遇到的套路和陷阱

看人看相，听话听音。招聘者往往喜欢在面试时故意给应聘者出难题，以声东击西的方式根据应聘者的回答来判断他的性情、胸怀、为人处世的原则等方面的信息，最后决定录取与否。因此，对于一个应聘者来说，能否清楚地掌握招聘者的“言外之意”并巧妙地予以回答，赢得最后的胜利，显得尤为重要。下面我们就一起来看看几种常见的“套路”及应对策略。

套路1：未知答案的问题，比如在微软的面试题：假如你在飞机上遇到一位高尔夫球的生产商，向你询问中国每年消耗的高尔夫球的数量，你怎样回答？

分析：一般听到这个问题都会一头雾水，不知如何作答。其实考官也不知道问题的答案，他想考察的无非是你能否快速理清思路，找到问题的解决方法。

对策：你可以这样回答：“1.统计中国高尔夫球场的数目；2.统计平均每天有多少位客人；3.统计每位客人平均每天消耗的高尔夫球的数量。然后我们把三个数相乘，再乘以一年的营业天数，就可以知道中国每年消耗的高尔夫球的数量。”

套路2：“我上学那会儿某功课经常不及格，我发现你这门功课好像也学得不太好，你能谈谈是什么原因吗？”

分析：对于这样的问题，如果你顺着杆儿往上爬，回答说：“那门功课太难了，所以……”那你可就大错特错了，因为主考官问这种问题绝对不是在和你套近乎，很大程度上他可能是在考验你面对问题时所表现出的态度——是从自身找原因还是喜欢推卸责任？

对策：最好的处理办法是既不推卸责任，也不要一味自责，而是面对现实。你可以这样回答：“是的，我这门功课成绩不是很好，但我相信这不会成为我拥有这份工

作的障碍。”

套路3：“你认为自己过去工作中最值得骄傲的一件事是什么？”

分析：问这样的问题，主考官绝不是为了让你彰显自己过去的辉煌成绩，而是在调查你的思维模式和心理特征。如果你如数家珍地将自己过去的成绩一一罗列开来，只能给人一种骄傲自满或好大喜功的印象。

对策：你可以这样回答：“在大家的帮助下，我曾经带领大家……”这样的回答既显示了自己积极主动、团结协作、勇于进取的一面，同时又表明自己尊重他人的劳动成果，显得客观、公正。

套路4：“说说你有什么缺点。”

分析：这是典型的请君入瓮式提问，面试人人说优点，无人说缺点，因此你的缺点就是公司是否聘用你的关键。你自己说出口的缺点也将成为公司现在不用你，或者将来解聘你的借口。说自己没缺点肯定是不行的，把自己的缺点说成优点，也不好。比如主动得有点冲动、果断得有点武断之类回答，只会让别人觉得你不够真诚，有油嘴滑舌之嫌。

对策：你可以这样回答：“我想我最大的缺点是没有太多的工作实践经验。学生时代的经历几乎是从一所学校毕业就又到一所新的学校读书。我想利用在学校的时间踏踏实实地多学点今后有用的知识。希望我的这些不足能够在贵单位的实际工作中得到改进!”

缺乏工作经验是一个普遍存在的短板，而且是可以在工作过程中得到提升的。回答中还含蓄地表明了自己的优点——踏实肯干，并表明了自己志愿到面试单位工作的决心。

套路5：“你是应届毕业生，缺乏经验，如何能胜任这项工作？”

分析：对于刚毕业的学生，没有工作经验是很常见的，考官的提出这个问题，并不是需要你有过硬的工作经验，主要是想考察你是否诚恳、机智、果敢及敬业。

对策：你可以这样回答：“作为应届毕业生，我在工作经验方面的确会有所欠缺，因此读书期间我一直利用各种机会在这个行业里做兼职。我也发现，实际工作远比书本知识丰富、复杂。但我有较强的责任心、适应能力和学习能力，而且比较勤奋，所以在兼职中均能圆满完成各项工作，从中获取的经验也令我受益匪浅。请贵公司放心，学校所学及兼职的工作经验使我一定能胜任这个职位”。

套路6：“你期望的薪酬是多少？”

分析：在对自己的具体工作还不清楚的情况下，贸然回答薪酬显然是掉进了面试官的某种“圈套”。报得太低，显得对自己没有信心或能力不足；报得太高，又显得对自己认识不清、好高骛远。

对策：你可以这样回答：“员工的薪酬应该是与他的业绩挂钩的，我无法确知自己可能的业绩，所以薪酬就不好量化。”

套路7：“你何时能来上班？”

分析：一般情况下，听到这类问题时，很多人都会沾沾自喜地认为自己已经被录用了。事实上，对方很可能是在考查你的责任心。通常一个人想离职，必须要将手中的工作交接完毕后才能离开。因为肯定会有许多客户关系、办公用品上缴、财务报销、同事关照、保险手续等方面的业务交接，而所有这些都需要耗时日。你若是急不可耐地说马上或随时可以上班，则会被认为是缺乏责任感，有可能会使主考官对你产生不信任从而失去机会。

对策：你可以这样回答：“我会尽快地做好原单位的交接工作，按时前来报到的。”或是“我原工作的交接手续已经办好了，可以随时听候您的安排。”

套路8：“真对不起，我们不能录用你！”

分析：面试过程往往是应聘者与主考官之间斗智斗勇的过程。一些主考官可能会问一些极为刁钻或是让人感到非常尴尬的问题，以检验应聘者的心理承受能力。有时他们甚至会用一个明显不友好的发问，或是用怀疑、尖锐、单刀直入的眼神，来剥取求职者彬彬有礼的外表，使其心理防线完全溃退。如果这个时候你被激怒，或者完全失去了信心，那你可能就中了圈套。

对策：面对主考官的咄咄逼人，当你黔驴技穷的时候，别忘了应战绝招：微笑地面对挑战。因为一个真正的智者，无论在任何情况下，都应该永远保持智慧与谦和的微笑。

月薪两万元的饭店服务员

小刘是杭州某中专学校的应届毕业生，急于找一份工作。暑假，她看到了一则招聘启事：“招聘饭店服务员，一旦录用，每月底薪3600元，月薪总数不低于2万元，欢迎在校大学生兼职。”小刘当即按照对方留下的电话拨过去了。接电话的是一位男性，小刘将自己的身高、体重等情况告示对方，对方立即表示“相当满意”。

可她心里不禁很疑惑，工作要求简单，待遇却如此丰厚，竟然比白领的收入还高。“为什么服务员薪水会如此高？到底是为什么呢？”小刘将自己的疑惑说了出来。对方说：“这个工作主要是陪客人吃饭、唱歌。说穿了，就是陪客人玩儿。”听说小刘有兴趣，对方立即让她到市中心某饭店大厅等候，称到时候自然有人对她进行“面试”。小刘如约到了饭店。10分钟后，对方打电话称，她已经通过面试，主管对她很满意。随后，对方告知她一个账号，要求小刘存400元“报名费”到账号上，之后会安排她上班。求职心切的小刘按对方说的做了，当她满怀希望地等对方“安排工作”时，对方的电话却怎么也打不通了。

重要提示：我国《劳动法》明确规定，用人单位招用人员不得向求职者收取报名费、登记费、资料费或者变相收取其他费用；不得向被录用人员收取保证金、押金等；不得扣押被录用人员的身份证。当在招聘过程中，遭遇用人单位如有以上不合理行为时，求职者应该主动提出异议，必要时，应向劳动监察部门举报。

有人说求职像一场演出，台上一分钟，台下十年功。也有人说，求职像一场智力游戏，谁能避开陷阱，谁就是赢家。更有人说，求职像一场没有硝烟的战争，表面看是你和招聘者的斗智斗勇，实际上你要不断挑战自己，超越对手。路漫漫其修远兮，吾将上下而求索。求职的过程很漫长，但我们要有百折不挠、无所畏“拒”的精神，通过不断努力，得到满意的职位，展开人生新的篇章！

职业调整

能够适应社会的变化并能对变化做出适时调整的人，才是一个有头脑的人、一个有准备的人。

“这个世界唯一不变的就是变化。”我们的职业目标、方向确定之后，并不意味着一劳永逸。随着经济社会的快速发展，客观实际情况也随之变化，那么我们的职业生涯需要根据这种变化不断地予以调整、修正和完善，使其行之有效，真正做到与时俱进。

刘洁和王晓是某中职学校文秘专业的同班同学。毕业后，她们按照自己的职业设想，应聘到同一家贸易公司当文员。刘洁很喜欢自己的职业，工作踏实努力，而且意识到英语在工作中很重要，业余时间还坚持进修商务英语口语。王晓觉得自己越来越不喜欢文秘工作，可是一时又没有新的方向，所以得过且过。2008年，“金融风暴”席卷全球，她们所在的贸易公司因受到影响而开始裁员，参加工作时间不长的刘洁和王晓都失去了工作。

面对突如其来的职场变故，刘洁很快调整好自己的心态，利用自己的工作经历，重新设计了简历，开始寻找适合自己的工作。没多久，她参加了一家企业的面试，凭借出色的英语口语和对文秘专业知识与技能的熟练掌握，她又找到了一份秘书工作。而王晓却几次面试未果，一直在慨叹自己运气不佳。

同学们，为什么面对同样的职场变故，刘洁和王晓的发展机会却不同？随着年龄的增长、知识的丰富、能力的增强，我们对自身、对社会、对职业有了更加深刻的认知和了解，价值观和职业观也会发生变化。这就要求我们要灵活调整自己的职业目标、方向，才能让我们的职业方向更加合理、更有意义，从而实现我们的职业理想。

职业兴衰

在北京的一个老旧的修笔店里，王师傅一个人专心修了50多年钢笔。但现在，70多岁的王师傅抚摸着相伴50余年的修笔马达忧心忡忡："父亲传给我的这门手艺，可能要失传了。"在一次性用笔和电脑已很普及的今天，钢笔修理市场大大萎缩，钢笔修理业不幸成为即将消失的行当之一。

让王师傅忧心的事还不止这一件。最近，他的孙女辞去了会计这份原本稳定的工作，要和朋友开办形象设计工作室。"我这个孙女啊，放着好好的差事不干，非要搞什么形象设计，说是教人家怎么穿衣打扮、怎么举手投足，你说说，这还用别人教吗？这差事能有前途吗？"

请同学们思考：为什么修笔会成为即将消失的一个行当？为什么会出现形象设计师这样的新职业？

随着经济社会的快速发展，产业结构、行业结构变迁的速度加快，与之相适应的职业结构——职业的种类、数量和分布情况等，也在发生着变化。在现实生活中，一些新职业涌现，一些传统职业的内容发生变化，一些职业则已经消亡。近年来，由于产业结构的调整升级，新兴行业和职业如租赁业、房地产业等在我国不断再度兴起，保险业、广告业、旅游业、娱乐业等迅速发展，这些都是经济快速发展的直接结果。

我国人力资源和社会保障部近年发布了部分新职业：形象设计师、水生哺乳动物驯养师、宠物健康护理员、房地产策划师、公共营养师、芳香保健师、计算机乐谱制作师、创业咨询师、婚姻家庭咨询师……

职业调整

1元钱变100万

去海南打工的张先生，经过一段时间的寻寻觅觅，也没有找到合适的工作，带去的钱花得所剩无几了，无奈他只好决定回家。到了火车站，他翻遍身上所有的钱，数了数，递给了售票员。巧的是，除了买一张回家的火车票外，还剩1元钱。他边思索着边登上了火车，禁不住望望身边迅速膨胀的都市中充满着各式欲望的人们，心潮澎湃，思绪万千。在火车即将开动的一刹那，他又退了回来。

张先生握着那1元钱，来到了一家商店门口。他花5角钱买了一支彩笔，5角钱买了4个包装香烟的纸箱子。在火车站的出口，他举起一张牌子，上面写着“出租接站牌2元”几个字，结果很多来接站的人都租他的牌子用。他用赚来的钱饱餐了一顿，而且口袋里还剩下40元钱。

一个月后，张先生的“接站牌”生意由先前的4个纸包装箱子发展为40块用镀锌板做成的可调式“迎宾牌”，每天的收入都在200元左右。三个月后，他在火车站附近租了一间房子，手下有一个帮手。后来，他用出租“迎宾牌”挣来的3万元，在公园附近开了家鲜花寄送店，生意甚是红火。干了不到4个月，他又承揽了鲜花批发业务。就这样，在一年多的时间内，他将1元钱变成了100万。

类似这位张先生创业的故事如今并不稀奇，因为我们已经步入瞬息万变的知识经济时代，即知识、头脑、智慧发生“核聚变”的时代，不论是谁，只要你善于运用知识、头脑和智慧，踏实肯干，你的1元钱就会带给你100万元的回报，甚至更多。

面对现实，逆境也会变为顺境，事情总会有转机；逃避现实，虽暂时偷安，却没有翻身的余地。

同学们，当“危机来临”时，我们需要审时度势，调整我们的职业方向；在经济大潮中，随着“职业的兴与衰”的出现，我们不得不调整自己的职业方向；当身处逆境时，怎样才能把1元钱变成100万，我们必须想方设法地调整职业方向……

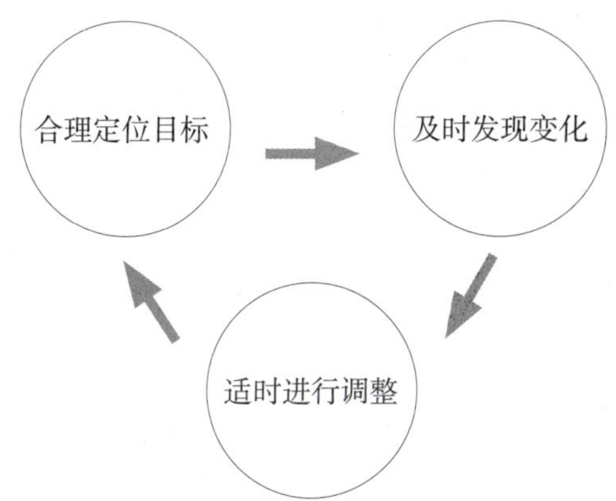

对初次走入社会与职场的中职毕业生而言，职业生涯规划调整有两个最佳时期：一是毕业前夕，这一时期，我们有了求职的实践，根据求职过程对自身条件的检验以及新的职业信息和供需实际，我们应当进行职业生涯规划的调整；二是工作后的3~5年，这一时期，我们有了从业的实践，根据从业过程对自身条件的检验以及周围环境和自身素质的变化，我们应当在职业转换过程中调整职业生涯规划。两次调整，既可以是近期目标的调整，也可以是长远目标或职业生涯发展路线的调整。

牛仔裤的故事

利维·斯特劳斯（Levi Strauss）被公认为是牛仔裤的发明者，可是，你知道他是怎样发明牛仔裤的吗？

18世纪40年代后期，在美国加利福尼亚州发现了金矿，形成了“淘金热”。刚20岁出头的利维也挡不住黄金的诱惑，放弃了久已厌倦的文职工作，来到旧金山，加入浩浩荡荡的淘金人流中。

不久，利维就认识到了一个现实：淘金者太多，而淘到金子的却只有极少数人。怎么办？是继续淘金，还是放弃回家？细心的利维发现，淘金的人还在源源不断涌来，但在荒凉的西部，给人们提供日用品的商店却奇缺。他当机立断，及时调整了职业方向，在当地开办了一家销售日用百货的小店，结果生意十分兴旺。

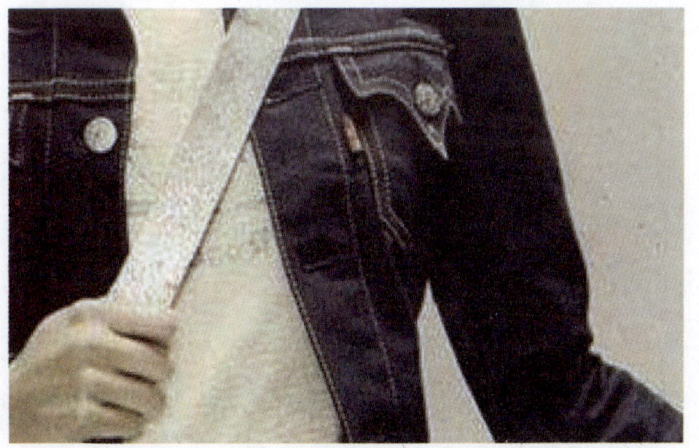

在经营小店的过程中，利维又发现其他货品卖得都很好，只有他采购的搭帐篷、做马车蓬用的帆布却无人问津。一天，他问一个来买东西的淘金工人："你需要帆布搭帐篷吗？"那工人却回答说："我们需要的不是帐篷，而是淘金时穿的耐磨、耐穿的帆布裤子。"利维深受启发，当即请裁缝给那位淘金者做了一条帆布裤子，这就是世界上第一条牛仔裤。由于帆布裤比棉布裤更耐磨，因而大受淘金工人的欢迎。"利维的裤子很好穿"的消息不胫而走。很快利维又一次调整职业方向，变卖了小百货店，开办了专门生产帆布牛仔裤的公司。如今，这种牛仔裤已经成了一种世界性服装——Levis牛仔服。

同学们，成功的秘诀在于随时地把握时机。利维的成功秘诀是：用一生的时光追逐淘金美梦，不安于闲适生活，在冒险中体味快乐。勤奋＋果断＋营销战术＝事业成功。

适合自己

找到适合自己的位置

王丹从一所中职学校酒店服务与管理专业毕业后，应聘进了当地的一家四星级酒店公关部工作。性格内向、不善言辞的她自知与其他口齿伶俐的同事相比，自己是很不起眼的，于是，专职负责对外联络的她专心地把工作做到近乎完美。四年后，部门经理跳槽了，老板认定踏实肯干的她是最佳接替人选，她意外地当上了公关部经理。

任职不到一年，王丹几乎被工作压垮了。公关部经理工作杂、要求高、应酬多，性格内向的她感到压力很大，觉得很多时间、精力都花在了无意义的事情上。向老板汇报工作时，拙于言谈的她经常被问得哑口无言。从老板的脸色中她读到了越来越多的不满，而她也对这份工作产生了前所未有的厌烦。苦恼的王丹找到了职业指导师，希望能得到指导与帮助。

职业指导师通过对王丹的自身条件和职业生涯机会进行评估，做了这样的分析与建议：目前的职位虽然并不是王丹所喜欢和擅长的，但是她仍然喜欢在这家酒店工作，她的敬业精神、工作态度也是得到老板认可的。她应该找个机会向老板言明自己的处境和期望，坦陈这一岗位不适合自己的理由，让老板帮助自己找一个符合自己特点的外置。

王丹听从了职业指导师的建议，通过与老板沟通，调整了职位。现在的她在酒店担任质监部门经理，而且还利用业余时间学习了沟通与管理等方面的课程。老板对她的工作很满意，她自己也干得游刃有余，越来越自信。

一个人如果找到了适合自己兴趣爱好、性格特征和能力特长的职业，达到自身条件和职业需求的最佳匹配，在工作岗位上就会如鱼得水、大展宏图。相反，再好的工作岗位，如果不符合自己的喜好和特点，一段时间后，就会使人身心疲惫，产生厌倦，此时就应该适时地调整、修正自己的职业生涯发展路线。

先靠近对手，再温暖自己

调度是公司关键的职位，我感到了公司的信任，也感受到了压力。和我搭档的主调李工是南京大学的研究生，业务能力在公司首屈一指，但为人孤傲，不太合群。工作时，李工常常撇下我独来独往，偶尔与我交谈时，也会露出一种不屑的神情。

最初的一段时间，我一时没有更好地办法改善我俩的关系，只得暂时避其锋芒，在工作中处处以他为主，从不抢他的风头。

6月的一天早上，我像往常一样到岗位收取报表，然后回调度室进行汇总、分析。我发现夜班的CO有偏高的趋势，就赶紧给李工打电话。但他没等我说完，就不耐烦地打断了我："你说的我知道了。"然后不由分说地挂断了电话。

上午10点，因为CO偏高导致了公司生产出现了波动。下班后，王总亲自召开了事故分析会。没想到，首先发言的李工，将责任推到我身上，说我没向他及时汇报。

李工是我的上司，我若实话实说无异于让他不能下台，使我俩的关系越来越僵，但不澄清原委，这个黑锅我又背不起。我想了想说："李工，我给你打电话汇报过了，也许是岗位噪音太大你没听清。对不起，这回我做得不好，我应该当面通知你的。"我的发言有理有据。看着我满脸真诚的样子，在众目睽睽下，李工也摆出了高姿态："你别说了，这事我也有责任。"

由于我和李工的努力，这次事故被制止在萌芽状态，所以王总也没过多追究，只是提醒我俩以后要多沟通。

我决定改变与李工的交往方式，从被动防御到主动沟通。我对李工的冷淡装作不在意，而是始终笑脸相迎；有些独到的观点，我也从不瞒李工，坦诚与他交流；在月末业务研讨会上，李工的发言我总是带头鼓掌。李工是个聪明人，对于我的谦让和大度心知肚明，看我的目光也由当初的不屑、戒备换成了欣赏和尊重。由于我俩的合作与团结，我和李工所带的四大班的业绩一直名列公司第一，多次受到了公司的嘉奖。

同学们，很多时候，在职场打拼的你难免会遇上难以相处的上司，如果你能随时调整“战略”，绽放出你真诚友善的笑脸，伸出双手为上司的精彩鼓掌，不但能够有效地改善磕磕绊绊的关系，而且还可能是一条通向成功的捷径。

职业发展

要做一番伟大的事业，总得在青年时代开始。

——歌德

发展要从所学专业起步，从迈进学校大门的那天起，就应该开始为自己的职业生涯做准备。

夯实基础

从技校生到资深邮轮乘务员

一提到王文强，教过他的老师都会竖起大拇指。作为青岛海洋技师学院2013级邮轮乘务专业优秀毕业生，他毕业后进入皇家加勒比邮轮公司的“海洋幻丽号”工作，目前就职于天海邮轮公司并担任娱乐部主持人。

2013年，刚刚高中毕业的王文强怀揣环游世界的梦想，来到青岛海洋技师学院进修邮轮乘务专业，由此开始了他的追梦之旅。在校期间，王文强多次主持学校文艺汇演、专业联欢等活动，不断提升自己的专业素养。2015年8月，当他迈着自信的步伐，踏上皇家加勒比邮轮公司豪华邮轮“海洋幻丽号”的那一刻起，游历世界的梦想终于得以实现。

梦想之旅并不如所想的那样一帆风顺，面试成功后，王文强面临着岗位的两难选择。邮轮公司告知他可以选择两个职位，一是欧美航线的清洁工，二是亚洲航线的服务生。王文强知道，亚洲航线的服务生工作相对轻松，对于英语基础薄弱的他来说，语言压力不会太大。经过权衡之后，他却毅然决然地选择了前者。很多人感到不解，王文强却说，虽然清洁工在别人看来职位较低，工作不体面，但自己的英语水平要想进步，不被这个行业淘汰，就必须选择在全英文的工作环境中锻炼自己。过程虽然艰辛，但最终获益的都是自己。

每一段经历都是人生的礼物，每一段历程都是生命的必经之路。后来，王文强偶然得到一次面试的机会，并赢得了携程旅行网与皇家加勒比邮轮公司共同组建的中国第一家本土豪华邮轮公司——天海邮轮公司负责人的赏识，顺利进入天海邮轮公司。目前，他在娱乐部担任活动主持人，平时的工作有趣又富有创意，变魔术、跳舞、相声，他更是样样精通。“工作的目的就是娱乐大众，必须要多学一些技能傍身。”当然，在校期间的学习和表演经历也为他的这份工作奠定了良好的基础。

不是每一次努力都会有收获，但每一次收获都必须努力。生命，需要我们去努力。青春须早为，岂能长少年。年轻时，我们要努力锻炼自己的能力，掌握知识、掌握技能、掌握必要的社会经验。机会人人都会遇到，关键在于能否把握。让我们鼓起勇气，掌握本领，运用智慧，把握机会，善用我们生命的每一分钟，创造出一个更加精彩的人生。

学习铸就辉煌

在某公司的车间里，有一位从中职学校毕业的小伙子，在车间里做些杂活儿。这个小伙子憨憨的，平时也不爱说话，每天只是埋头干活。

员工们平时在工作之余会坐在一起聊天，说些笑话，但这个小伙子却很少在休息时间与人聊天。他总是站在一些生产设备前看个不停，也问一些生产的问题，有时候还向技术人员讨教一些产品生产中的问题。

他的行为起初让同事们不屑。两个月后的一天，车间的一台机器出了问题，技术人员忙了半天也没有修好，小伙子过来收拾了一会儿，机器居然又正常运转了！这让所有人大吃一惊。原来，小伙子已经在这两个月中学习了产品生产的全过程，并且对机器的把握和操作也非常熟练。

总裁对他的学习精神非常欣赏，很快就把他聘为车间的负责人。然而小伙子对此并不满足，依然像原来一样，抓住各种机会学习，不断积累产品生产的其他知识。两年后，这个貌不惊人的小伙子成了公司生产制造部的主管，五年以后又被提升为经理，深得总裁信赖。

美国未来学家托夫勒有句名言：“未来的文盲不再是不识字的人，而是不学习的人。”任何时候，我们都不能满足现有的知识，个人职业发展要求我们要把眼光放远一点，学习不辍……

抓住机遇

不可错失时机

秦末，刘邦和项羽先后攻入咸阳。当时，项羽率部40万驻扎在咸阳外的新丰鸿门，刘邦率部10万驻扎在霸上。两军相距很近，此时的项羽气势正盛，消灭刘邦的势力可谓易如反掌。谋士范增献计给项羽让他在鸿门设宴招待刘邦，其间借机把刘邦杀掉，以绝后患。但是，在“鸿门宴”上，项羽优柔寡断，一再放弃杀掉刘邦的机会。然后，他听信项伯的“仁义”之说，放走当时处于绝对劣势的对手，并封刘邦为“汉王”。随后，项羽又从咸阳引兵东归彭城，打算回乡炫耀一番，以致贻误战机。刘邦的势力日益壮大。最终，四面楚歌之声把一代西楚霸王逼得洒泪与心爱的虞姬诀别，落得个乌江自刎的结局，令人唏嘘。仔细分析一下，项羽兵败身亡的悲剧固然还有其他许多主客观因素，但这与他在鸿门坐失良机不无关系。当项羽在鸿门放走刘邦时，范增曾愤然地说：“竖子不足与谋也(实在不能与这小子谋划大事)！”1949年4月，毛泽东在指挥解放军渡江追击国民党军队的前夕，曾在一首诗中总结项羽失败的教训：“宜将剩勇追穷寇，不可沽名学霸王。”

同学们，各行各业的发展为我们提供了大量的就业机会，我们必须善于抓住机遇。每一次机遇的到来，对我们来说都是一次严峻的考验。它不仅需要我们结合自己的兴趣爱好、性格特征以及专业特长和知识，也需要我们在机遇来临的时候，拿出拼搏和应战的勇气，抓住机遇，迎接挑战。君子藏器于身，待时而动。所以说，抓住机会也是一种能力。同学们，努力吧，机不可失，时不我待！

比尔·盖茨的回答

有人给比尔·盖茨出了这样一个题目：“你的办公桌有五个带锁的抽屉，分别贴着财富、兴趣、幸福、荣誉、成功五个标签，你只能带一把钥匙，而把其他的四把锁在抽屉里。请问盖茨先生，你带的是哪一把钥匙？”

比尔·盖茨回答：“毫无疑问，兴趣！兴趣中隐藏着你人生的秘密。”

兴趣是最好的老师，对我们的发展有一种神奇的推动力量。发现并培养自己对专业乃至职业的兴趣，会使我们对该种职业活动表现出肯定的态度，乐于发挥积极性，有助于事业的成功。

学会变通

打破思维定式

1992年，第25届奥运会在西班牙巴塞罗那举行。该市一家电器商店老板在赛前向巴塞罗那市民宣称：“如果西班牙运动员在本届奥运会上得到的金牌总数超过10枚，那么自6月3日到7月24日，凡在本商店购买电器的顾客，就都可以得到全额退款。”

这个消息轰动了巴塞罗那。人们争先恐后地到那里购买电器，商店的销售量激增。尤其，才到7月4日，西班牙运动员就获得了10金1银。于是，人们比以前更加卖力地抢购电器。

据估计，电器商店的退款将达到100万美元，看来老板是非破产不可了！可老板

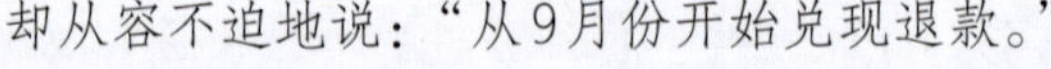

却从容不迫地说：“从9月份开始兑现退款。”

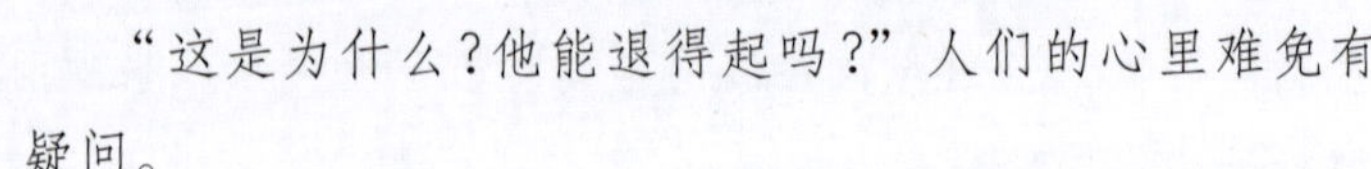

“这是为什么？他能退得起吗？”人们的心里难免有疑问。

原来老板早做了安排。在发布广告之前，他先去保险公司投了专项保险。保险公司认为不可能超过10枚金牌，就接受了这个保险。

这是一个旱涝保收、只赚不赔的保险。如果西班牙运动员得到的金牌总数不超过10枚，那么电器商店显然发了一笔大财，保险公司也无须赔偿。反之，金牌总数

超过了10枚，那么电器商店要退的货款将全部由保险公司赔偿，与电器商店毫无关系，那么电器商店无疑发了更大一笔财。

学会变通才能抓住机会，实现职业发展。一位没有继承人的富豪死后将自己的大笔遗产赠送给了一位远房的亲戚，这位亲戚以乞讨为生。这名接受遗产的乞丐立即摇身一变，变成了百万富翁。新闻记者便来采访这名幸运的乞丐："你继承了遗产之后，想做的第一件事是什么？"乞丐回答说："我要买一只好一点儿的碗和一根结实的木棍，这样我以后出去讨饭时方便一些。"

租房的故事

有一户人家，夫妻两个带一个12岁的孩子在外打工，一无所获，直到傍晚，才好不容易看到一张公寓出租的广告。他们马上赶到公寓出租地点。公寓出乎意料地好，于是他们上前询问。这时，房东出来，对这三位客人从上到下地打量了一番。丈夫鼓起勇气问道："这房屋出租吗？"房东遗憾地说："啊，实在对不起，我们公寓不租给有孩子的住户。"丈夫和妻子听了，一时不知如何是好，于是，他们默默地走开了。突然，那12岁的孩子跑回去，用他那红叶般的小手，又去敲房东的大门。这时，丈夫和妻子已走出10米来远，都回头望着。门开了，房东又出来了。这孩子大声地说："老爷爷，这个房子我租了。我没有孩子，我只带来两个大人。"房东听了之后，高声笑了起来，最后决定把房子租给他们。

同学们，从以上两则小故事中，我们不难看出：生活需要学会变通，换一种思维方式，可能会收到意想不到的效果。

让气球拴住顾客的心

一个名叫宋天华的小伙子在温州开了一家理发店。但是理发行业的竞争非常激烈，很多顾客都是抱着试试看的心态来宋天华的小店理发的，等这股热乎劲儿过去之后，很多顾客就不再前来。这样的现象让宋天华明白了一个道理：只有留住顾客的心，提高回头率，才能让小店的生意兴隆起来。怎样才能让顾客来一次就成为自己的回头客呢？

宋天华仔细琢磨，想出了一个办法：把标注九折、八折、七折的小卡片装到气球内，等顾客剪完头发的时候，让其任意扎一个气球，按选中的打折卡付款。当宋天华把这个创意告诉他的妻子时，妻子觉得这样太直接，她给了他更好的建议：在每个气球内装上一张写着三道脑筋急转弯题目的纸条，等顾客剪完头发，让其任意扎一个气球并回答纸条内的问题。答对一道题者，按九折付款；答对两道题者，按八折付款；答对三道题者，按七折付款。这样的创意，不仅让顾客觉得新鲜，也让他们知道折扣来之不易，同时更拉近了相互间的距离。

宋天华立即采纳了这个创意。很快他就拥有了一批老顾客，在老顾客的带动下，越来越多的人也选择了他的理发店。

让小小的气球拴住顾客的心，宋天华的创意可谓别出心裁。在技术同等的情况下，谁的创意新，谁就能赢得更多顾客。

海洋就业

任何时候做任何事，订最好的计划，尽最大的努力，做最坏的准备。

——李想

人生的道路虽然漫长，但紧要处常常只有几步。踏入职业学校之时，我们就开始迈出职业生涯发展的“紧要一步”，走向新的人生旅程！在这一旅程中，正确的就业观如同一盏明灯，指引着职业生涯发展的方向。

树立正确的就业观，有助于我们理性地规划自身未来的发展，并努力在学习过程中自觉地提高从业能力和职业生涯管理能力。一个人只有树立了正确的职业观，才能明确人生的职业定位和职业选择，才能树立正确的职业理想，理解职业的价值、责任和荣誉。人的本质是一切社会关系的总和，职业的形成与发展是人类社会发展的缩影，也是社会发展到一定阶段的产物。职业本身就是为协调社会生活、为发展社会而存在的，就其本质而言是从属于社会的。职业选择是人生的面临的重大课题，从根本上讲，树立正确的职业观，就是要树立为人民服务的社会主义职业观。

海院毓秀

青岛海洋技师学院王佐恺院长提出“四段递进式”工学结合人才培养模式，尝试探索提高学生的综合素质和能力，从一般就业向优质就业跨越。

“四段递进式”工学结合人才培养模式是：第一阶段，企业参观，进行岗位认知；第二阶段，企业见习，进行岗位感受；第三阶段，校内实训，进行岗位能力训练；第四阶段，企业实习，实现岗位熟练。

（一）岗位认知，做一个有准备的人

刚刚进入技校的学生对专业以及未来职业和岗位的认知是模糊的、不清晰的，他还没有做好准备。这就造成了一种现象，当他毕业后去工作时，才感到自己不愿意做自己专业所学的工作，出现频繁跳槽。《全国职业院校毕业生就业质量调查报告》中显示，中职毕业生对首次就业单位的忠诚度较差，当中职毕业生被问到“您期望在目前工作单位的服务年限”时，有超过90%的中职毕业生回答最多一年。相比之下，有61%左右的高职毕业生表示希望在现服务企业能够服务一年甚至更长时间。

青岛海洋技师学院新生入校后，根据专业分别安排进行专业教育。海上专业学生会被安排到港口、码头、船厂及远洋运输船、远洋捕捞船、油轮、科考船等不同船型进行参观，并且会安排到校合作企业（校外实践基地）进行1~2周的岗位认知，对所学专业相对应的工作岗位进行了解，对岗位工作任务、工作环境、工作对象、工作过程、工作方法、工作能力、工资待遇、劳动工具、劳动组织、劳动纪律等工作要素和过程进行认知，通过参观认知，写出岗位认知报告，进行汇报交流。通过企业参观、撰写报告、汇报交流，对不愿意从事所学专业工作的学生，进行专业调整。学生对未来的职业性质、特点、要求有了初步的认知，使学生有具体的目标和思想准备，成为一个有准备的人。

（二）岗位见习，做一个有感受的人

世界上的事情往往是这样，看着容易做起来难。技工教育以服务为宗旨，以就业为导向。技校生作为未来生产、服务、管理一线的技能型人才，是产品的制造者、服务的提供者，是改造世界而不是认识世界的人，是行动者，是做事的人，需要有做事的技能、做事的方法、做事的品质。技术工人的工作看起来简单，但是做好并不容易。海尔总裁张瑞敏说过：坚持把简单的事情做好就是不简单，坚持把平凡的事情做好就是不平凡。

青岛海洋技师学院在专业教学计划中明确了学生企业见习的时间，一个月左右。企业见习时学生要到具体的岗位上去做，亲身感受未来的工作，重在亲身体验，看重的是学生的经历。企业见习要按照典型的工作过程——咨询、计划、决策、实施、检查、评估——进行，学生完成一到多项工作任务，要有产品和结果。海上专业因须持证上岗，企业见习有难度，该校通过合作企业的船只和自有教学实习船，在近海进行出海实训，出海实训涉及不到的项目，由校内航海模拟器及轮机模拟器练习解决。通过企业见习和模拟训练，学生完成工作任务，做出产品，对综合职业能力有真实的感受。

（三）岗位训练，做一个有能力的人

有技能的人就业，有能力的人择业，有水平的人创业，有品行的人成业。技工教育培养的是社会需要的技能型人才，没有技能，不用说择业、创业，就是就业也困难。教育部《关于制定中等职业学校教学计划的原则意见》中明确规定了中等职业教育培养目标，“中职学校培养与我国社会主义现代化建设要求相适应，德、智、体、美全面发展，具有综合职业能力，在生产、服务一线工作的高素质劳动者和技能型人才”。这种职业教育的目标是培养学生的职业能力，即学生综合能力的培养。

职业能力不单纯局限于专业技能，可以概括为“三会”，即“会做人做事，会动手动脑，会生存生活”。青岛海洋技师学院通过建立学校、社会、家庭三位一体的德育教育机制，教会学生待人处事、心理健康，引导其树立正确的人生观、价值观和世界观，让其学会做人做事；通过教师和工厂师傅的言传身教，让学生熟练掌握专业理论知识，具备较高的实际动手能力，考取相应的职业资格证书，让其学会动手动脑；注重学生的职业道德教育和就业创业指导，引导其做好职业生涯规划，教会学生生存生活。“三会能力定终身”，具备了“三会”能力，学生将成为一个有能力的人。

（四）岗位实习，做一个有态度的人

德国寓言大师雷洛夫说：“现实是此岸，理想是彼岸，中间隔着湍急的河流，行动则是架在河上的桥梁。”为进一步提高职业道德修养，学生可以从诚信、敬业和责任三个基本方面着手。

诚信是人生的通行证。诚实守信是社会主义职业道德的基本要求，也是做人的基本准则。诚实守信是人生有效的通行证，而签发这通行证的不是别人，正是自己。

有这样一个例子：他13岁背井离乡，为维持生计，一边在一家小商店做工，一边为一家机器公司做推销员。他推销得很顺利，半个月内就有33名顾客和他签订了

合同。后来他发现自己卖的机器比其他公司的同类产品都贵。他想客户知道了一定会后悔，于是带上合同，挨家挨户进行说明，请客户废约。他诚实的做法令客户感动和敬佩，不仅没有一人与他解除合同，反而加深了客户对他的信任，纷纷向他订货。他就是后来日本证券公司的创业者、小池银行和东京瓦斯公司的董事长——小池国三。

责任胜于能力。个人如果缺乏责任感，就会失去别人的信任和尊重，也会失去社会对他的基本认可，甚至失去安身立命之本。责任具有至高无上的价值，是一种伟大的品格。只有那些能够勇于承担责任的人，才有可能被赋予更多的使命，才有资格获得更大的荣誉。中国古人认为，“修身齐家治国平天下”是一个人的人生追求。当遇到外敌入侵时，“天下兴亡，匹夫有责”，为了国家去奋勇斗争，是从“草根”到显贵所有人的责任。没有做不好的工作，只有不负责任的人。责任，是对自己所负使命的忠诚和信守，是对自己工作的出色完成，也是人性的升华。无论从事什么样的工作，都应承担相应的责任。一个企业的员工，即使能力再强，如果不愿意为之付出，被迫工作的结果必然要大打折扣。而一个对企业和工作满腔热忱、有责任心的员工，即使工作能力略输一筹，也能为企业所认可。当今社会，几乎所有的企业都强调责任的重要性。在微软公司，“责任”贯穿于员工们的全部行动。在华为公司，“责任”也被奉为企业核心价值观念之一。

敬业精神是一种高贵的品质。俗话说：干一行，爱一行；爱一行，钻一行。工作没有高低贵贱之分，只是社会分工造成了职业的不同。一个敬业的工作人员，一个敬业的工作团队，才值得别人的信任和重托。

2004年，国际航空联盟决定在亚洲遴选一座具有超级吞吐能力且其他方面都过硬的机场作为亚洲的中心空港，这对每一个机场的发展来说都是一个绝佳的机会。经过激烈的角逐，实力强劲的上海浦东机场和韩国仁川机场需要进行最后角逐。为了在两个不相上下的机场中做出进一步的选择，国际航空联盟派出几名官员扮成普通乘客对两家机场进行暗访。当暗访官员下了飞机到行李区取行李时，他们发现：从仁川机场下来的箱子非常干净，而浦东机场的行李有些脏，一个官员的箱子甚至还有一道裂纹，明显是被摔过。就此现象，这些官员进一步调查，终于发现了这样一个现象：仁川机场的地勤人员，在行李箱从滑梯上下来时，小心翼翼接过行李，然后用抹布认真将行李擦了一遍，之后将行李放在行李车上，等乘客来取，而浦东机场恰恰相反。三个月后，结果公布，浦东机场最终输给了仁川机场。失败的教训也让浦东机场努力改进，做得更好。

当有人问爱迪生：“你成功的秘诀是什么？”爱迪生回答：“我为了解决一个问题，

会持续不断地努力，投入全部的经历和体力而不感觉疲倦，这就是我成功的秘诀。”具备敬业精神的人，会受到企业的信任。现实社会中，有许许多多自认为才华横溢的失业者，殊不知，正是因为他们对工作怨声载道、牢骚不断，缺乏敬业精神，才使自己与同事和公司格格不入，最后造成了自己的尴尬境地。

青岛海洋技师学院开展“进百家企业，访十所名校”活动，组织教师进行了大量的社会实践和学习活动。通过调研了解到，现在一般学校培养的学生，有相当数量敬业精神不够，怕累、怕脏，受不得挫折，听不进批评，动不动就跳槽，让用人单位头痛；企业招工最愿意要的是有一定工作经验的往届毕业生，不是因为技校应届毕业生技能水平不够，主要是他们对工作不适应，跳槽频繁，给企业生产计划带来不便；调研时有家船员管理公司讲到现在招聘时，首先对新入职员工进行的培训不是培训技能，而是职业道德教育，这对该校教师触动很大，后来该校与相关合作企业共同编写了船员思想道德修养校本教材，以案例的方式对学生进行职业道德教育。

为实现从技校生到职业人的转化，学校特别重视学生顶岗实习，一般安排为6个月到一年时间。顶岗实习不仅能深化学生专业知识，锻炼学生的职业能力，更能实现校园文化与企业文化的融合，使学生在思想上、情感上接受企业文化，自觉转化成为一个职业人，实现从学生到职业人的角色转化、从他人那里接受服务到为社会提供服务的转化、从享受权利到承担责任的转化、从重视专业能力到注重关键能力的提高改变，成为一个有态度的人。

青岛海洋技师学院制定了《毕业生循环分配法》和《企业准入制度》，实现了公平就业、对口就业、优质就业和无间隙就业。校深知重视就业不一定就能就业好，只有坚持人才培养模式的不断创新，培养的学生才会使政府满意、企业满意、社会满意和家长满意。

“四段递进”工学结合人才培养模式是青岛海洋技师学院毕业生实现从一般就业迈向优质就业的根本奥秘所在。

海院学子

自主创业——程云

程云，2001届船舶电气专业毕业生，现任鸿程国际青岛公司总经理。

“梅花香自苦寒来”，程云所走过的道路并非一帆风顺，相反，他的创业历程充满了荆棘。求学时期的程云并不是最优秀的，但绝对是最刻苦的，身为班级学习委员的他凭着顽强的拼搏精神、坚忍不拔的毅力，一步一个脚印，踏踏实实地学习，成绩一直名列前茅。

毕业后的程云来到了海尔集团，成为一名一线技术工人，他凭借着坚毅的性格很快成长为一名优秀的技术工人，但程云并不满足，因为这并不是他想要的生活。2005年，程云毅然辞职创业，入行散杂航运行业。创业初期是艰难的，对于白手起家的程云来说，很有可能一着不慎、满盘皆输，在众多的困难面前，程云没有胆怯，自小养成的不屈性格让他坚持了下去，2008年，程云的坚持换来了收获，他正式创立青岛鸿程国际有限公司，公司主营非洲全线散杂、汽车、大型设备的海运出口业务。事业的成功更坚定了程云持续发展的信念，在他的带领下，公司业绩节节攀升，2011年，程云创立了青岛鸿程国际贸易有限公司，主营农副产品、建材的国际贸易业务。产品远销日本、韩国等东南亚国家，甚至远销非洲。

从一个怀揣梦想、月收入几百元的打工仔，到一个崭露头角的公司总经理；从一个只有技校文凭的毛头小子，到一个敢于创新、追求进步的业界精英，平凡的程云用十年的坎坷经历成就了非凡的事业，实现了人生的价值，诠释出一段白手起家的创业传奇。

沉稳睿智的大副——黄祖照

黄祖照，1993届远洋驾驶专业毕业生，现在中国香港恩利集团“GERMCS”轮任大副职务。

在校期间，黄祖照尊重老师，团结同学，学习刻苦，思想上要求进步，理论水平和实践能力得到了迅速提高，积累了一定的专业经验。他认真钻研本专业各门课程的同时，还着重学习了作为新世纪知识青年所必须掌握的一些基本专业知识。担任班干部的他在不同的岗位上都做出了突出贡献，受到老师与同学们的好评，多次被评为“学习标兵”“优秀班干部”。

1993年毕业后，黄祖照在青岛渔业公司“青渔632”号轮任三副职务，1995年在“青渔631号”轮任二副职务。在日常的工作中，他严格要求自己，认真负责，细心

踏实，积极进取，思想上高标准、严要求、综合能力突出，受到领导和同事们的好评。1997年，黄祖照在“泰山”号远洋轮任一等二副职务。多年的航海生活中，黄祖照的足迹遍布全球数十个国家，他业务能力出色，理论知识扎实，工作作风顽强，深受领导与同事的好评。他不怕苦、不怕累，对自己严格要求，有着坚忍不拔的毅力和对工作的执着，工作出色，能力出众，在平凡的岗位中做出了突出的成绩。有一次在航行中，突然遇到恶劣天气变化，狂风暴雨让许多人都心生怯意，而黄祖照却依然镇定自若，他配合船长有序调度各级各岗位船员团结协作，指挥大家坚守岗位。在他和船长的努力下，大家有惊无险地避过天灾。后来每当提起此事，大家都会对黄祖照伸出大拇指说一声：“好样的！”

2006年黄祖照就职于中国远洋水产公司，2007年晋升大副。他曾经说过：“我热爱我的工作，在船上，我可以到任何我想去的地方，如果你没在大海中航行过，你永远也体会不到宽广无垠的大海是多么的震撼人心！”2008年，黄祖照来到中国香港恩利集团“GERMCS”，就任一等远洋大副职务。黄祖照十几年努力所取得的成绩告诉我们，只要踏实肯干，就一定会实现人生的价值！

敏思善学的“金蓝领”——刘为彬

刘为彬，2008届数控技术专业毕业生。现就职于太平洋集团浙江造船有限公司，主管公司海工船船体构件的数控切割工作。

从踏进校门的那一天起，他就立志学好专业知识，成为一名优秀的技术工人。虚心好学的他，在积极研修本专业各门课程的同时，还自学了作为新世纪知识青年所必须掌握的一些基本专业知识，如PRO/E等CAD/CAM软件，使其综合技能有了质的提高。在校期间连续获得三年学校一等奖学金以及“优秀团员”和“三好学生”称号，并顺利拿到了高级数控车工国家职业资格证书，以优异的成绩完成学业，给他在校的学习生涯画上了一个完美的句号。

他被分配到了太平洋集团浙江造船有限公司实习。三个月后成为浙船公司制造部的正式员工，从事数控切割工作。生活的环境变了，但是一颗上进的心未变，他利

用在学校所学的知识与技能，积极与生产实际结合，加强与同事的交流学习，参加公司组织的专业培训，熟悉造船的整个流程，很快就能独立操作设备。积极工作不忘个人充电，他还利于业余时间报考了上海交大的船舶专业网络教育，因为他的坚持、专注，很快便成为班组技术骨干，2010年被提升为班长，主管公司海工船船体构件的数控切割工作。由于自己班组管理方法的不断改革，所管理的班组在安全、质量和5S方面每月都被车间评为优秀班组，个人也被评为优秀员工，工作效率有了明显提高，得到了领导的充分认可。2011年被评为公司优秀班组长。

这个当年还十分青涩的大男孩现在感慨地说："我热爱我的工作，我要感谢我的老师、师傅、领导以及关心我的家人，我的成绩是你们悉心教导的结果。"

勤奋的大管轮——刘增翔

刘增翔，2004届远洋轮机专业毕业生，现在"laft jord"轮任大管轮。

在三年的学校生活中，刘增翔以学校制定的"三会人才"为发展目标，在各方面严格要求自己，努力使自己成为一名德、智、体、能全面发展的优秀学生。在校领导、老师的辛勤教育指导下，经过自己的不懈努力，他树立了正确的人生观和世界观，端正了学习和生活的态度，明确了自己人生发展的目标，坚定信念，激励自己向高素质人才靠拢，并坚持不懈地为之努力奋斗。

工欲善其事，必先利其器。刘增翔一直都很清楚，作为一名技工院校学生，唯一的出路就是好好学习，掌握过硬的技术，才会在社会上有立足之地。刘增翔深知学习是学生的天职，于是始终都把学习放在自己生活的重要位置。在校期间，他系统全面地学习本专业理论基础知识的同时，努力拓宽自己的知识面，广泛涉猎各科知识，培养其他方面的能力，同时也提高了自学能力，为踏入社会打下了坚实的基础。他在学习中不断

进步，专业排名一直向前赶超，学习成绩和综合成绩均居全年级前列，学习认真刻苦，成绩优秀，勇于创新。凭借着刻苦钻研的学习劲头和孜孜不倦的学习态度，多次获得学校优秀学生奖学金。

2004年毕业后，刘增翔在“格鲁斯特”轮任机工，在轮机长的领导下，配合管轮进行船舶机电设备的维修保养，由于在学校里掌握了过硬的知识技能，刘增翔多次独立解决了设备机械故障，他的技术水平也逐渐提高，一年后便在“库斯尼特”轮任三管轮，并能协助轮机长独立负责辅助锅炉、所有泵类造水机及甲板机械设备的维护保养。由于在校学习期间养成了良好的学习习惯，刘增翔在船上也不忘充实自己，不仅独立钻研提高技术，还经常与同行中有多年经验的老船员进行交流和探讨，不但巩固了原有知识，还对船舶运行的所有机械设备都有了更加深入的了解。正所谓厚积薄发，2010年，刘增翔在“leader”轮任二管轮，协助轮机长负责辅助发电机、应急发电机及燃油分油机的维护保养；2011年，刘增翔顺利晋升，在“laft jord”轮任大管轮，协助轮机长负责主机、舵机及滑油分油机的维修保养工作。

这些成绩的取得，都源于刘增翔抱着一颗不平常的心对待生活。有句话说得好，心有多大，舞台就有多大，对自己的定位决定了一个人可以取得的成就。他深知自身还存在许多不足，但他有坚定的信念，在成长的道路上，还要继续严格要求自己，让梦想随希望一同起航！

执着的远航者——宋来龙

宋来龙，2008届航海捕捞（制冷）专业毕业生，现任世界上最大的远洋综合加工船“Lafayette”号一等冷藏工。

在学校里的宋来龙是一名优秀的学生，上课认真听讲，对所有的科目都非常重视，认真地去学每一科，力争都能达到最好。他勤于实践，善于观察，勤学好问，思想上积极要求进步，性格开朗乐观，学习成绩优异，工作认真负责，为人谦虚坦诚，能够合理安排学习时间，并且主动帮助其他同学。他制订有效的学习计划，掌握适合自己的学习方法，善于在学习中进行总结与反思，主动听取他人的建议并不断改进。对于本专业的知识，宋来龙不但熟练掌握，而且还能做到触类旁通，对空调、电冰箱通用制

冷设备及大型船舶设备上的专用制冷设备积极研究，老师和同学们都对他大加赞扬，也正因为他的刻苦学习和善于钻研，为他今后的发展奠定了坚实的基础。

2008年，宋来龙以优异的成绩毕业，他既可以选择在陆地就业，也可以选择到船上工作，经过深思熟虑，他选择在不一样的舞台上一展风采，登上了世界最大的远洋综合加工船“Lafayette”号任一等冷藏工。船员的生活不同于陆地，宋来龙虽然不是一开始就学习的船舶专业，但对于知识的执着让他很快就适应了船上的生活，同船的船员都十分喜欢这个勤奋好学并且十分谦虚的小伙子，而宋来龙也通过与同事之间的沟通交流学到了很多书本上没有的知识，现在的他，已经能独立对船上的设备进行维修与保养，他已经成为一名深受大家信任的优秀船员。

吃得苦中苦，方为人上人。今天的宋来龙依然在继续努力拼搏，执着地勇攀高峰，为实现自己的梦想而努力着。

勇于探索的二管轮——于飞龙

于飞龙，2008届轮机工程专业毕业生，现任世界最大的远洋综合加工船“Lafayette”号二管轮。

在学校期间，他的成绩就一直名列前茅，他端正学习态度，努力探索出了一套适合自己的学习方法，很快投入到了紧张的学习生活中。无论是理论还是实操，他都能够认真听讲，积极思考，提出问题。有时候，他感觉到自己稍有退步，就认真总结近期学习情况、方法，并与老师交流，听取老师的建议。面对激烈的学习竞争，他并不畏惧，还总是笑着说：“受过压力的弹簧才能弹得更高，竞争给我们压力，我们要把压力化为动力，努力学习才是呀！”这种积极的学习态度，使他在各科各项考试中都名列前茅，还多次被评为“学习标兵”。

毕业后，于飞龙凭借优异的理论和实践能力，顺利登上俄籍“IWAN KALININ”轮任机工一职。任职期间，他配合轮机员维护各项设备正常运转，同事们都惊叹于他的适应力和表现，因为很少有初上船的船员就能如此从容应对各种突发状况，而于飞龙很明显属于那种极少数的极为出色的船员之一。2009年，于飞龙登上目前世界最大的远洋综合加工船“Lafayette”号担任三管轮职务。他仍然对自己高标准、严要求，业务上刻苦钻研，精益求精，埋头苦干，任劳任怨，甘愿在最艰苦的工作岗位上工作，充分发挥在校所学的专业知识，边干边学，通过个人的努力和船领导的培养，取得了一定的成绩，得到同事和领导们的好评。2011年，于飞龙在“Lafayette”号晋升二管轮职务，现在的他已经能够独立判断各种突发设备故障，并及时处理，无论是甲板机械还是各种系统的维护保养都驾轻就熟，短短的三年，他已经成长为一名优秀的远洋船员，好似潜龙出海，遨游五洲大洋!

于飞龙的成功离不开自身的勤奋和努力，未来的路还很长，他将继续用拼搏进取、无私奉献的精神去实现一个技校生自身价值最大化的理想。

青岛海洋技师学院还有很多很多优秀毕业生，遍布在世界各地，他们在平凡的岗位上挥洒青春、热血，铸就自己不平凡的人生…

创业能力

只有积极主动的人才能在瞬息万变的竞争环境中获得成功，只有善于展示自己的人才能在工作中获得真正的机会。

——李开复

创业，是一项比较艰辛和充满挑战的活动，是自我学习和探索的过程，是磨炼和提升的过程，也是发挥个人潜能的良好途径。对于创业者来说，在创业过程中可能会遇到许多挫折和风险，但也是饱含着喜悦与憧憬、充满了振奋与激情的过程。创业成功，能给人带来信心，能让人从中体验快乐与喜悦。即便一时失败，也会使人懂得很多道理，使性格在挫折中得到磨炼，变得坚强。还能够为职业生涯的进一步发展积累经验，为未来的成功奠定基础。

金冠之谜

赫农王让金匠替他做了一顶纯金的王冠，做好后，国王疑心工匠在金冠中掺了银子，但这顶金冠确与当初交给金匠的纯金一样重，到底工匠有没有捣鬼呢？既想检验真假，又不能破坏王冠，这个问题不仅难倒了国王，也使诸大臣们面面相觑。后来，国王将它交给了阿基米德。阿基米德冥思苦想出很多方法，但都失败了。

有一天，他去澡堂洗澡，他一边坐进澡盆里，一边看到水往外溢，同时感到身体被轻轻拖起。他突然恍然大悟，跳出澡盆，连衣服都顾不得穿就直向王宫奔去，一路大声喊着“尤里卡”“尤里卡”(Fureka，我知道了)。原来他想到，王冠放入水中后，如果排出的水量不等于同等重量的金子排出的水量，那肯定是掺了别的金属。

这就是有名的浮力定律，即浸在液体中的物体受到向上的浮力，其大小等于物体所排出液体的重量。后来，该定律就被命名为“阿基米德定律”。

如今是个人人创业的时代，有人成功就必然有人失败，创业要想成功，优秀的创业点子非常重要，同时创业者要有敏锐的眼光和创新意识，能从平凡的事情当中找出闪亮点。如何实现成功？创业需要多种能力。

敢冒风险的能力

主人外出之前，召来三个仆人，根据他们的能力分配银子：A五千两，B两千两，C一千两。主人走后，A和B两人用所得银子做生意，分别赚了五千和两千，C谨小慎微，为显示对主人的忠诚，将一千两银子埋了起来。主人回来后，对A、B二人赞赏有加，说：“好，我要派你们管理许多事，让你们享受做主人的欢乐。”对于C，主人则斥其懒惰与胆怯，将之逐出门外，并将一千两银子奖赏给已拥有一万两银子的A。

创业，不仅仅需要稳妥，更需要胆识！取得成功的人通常是有胆有识、敢冒风险的人。风险和利益是成正比的，有风险才有利益。积极进取的人为获得更高的利润更偏向于高风险。可以说，利益就是对人们所承担的风险的相应补偿。有风险才有诱惑，没有风险的社会，就没有创业。创业需要敢冒风险的能力。

适应环境的能力

美洲鹰早已经绝迹了，可是近年来，一名美国生物学家、美洲鹰的研究者阿·史蒂文，竟然在南美安第斯山脉的一个岩洞中发现了这种原本生活在加利福尼亚半岛上的巨型飞禽。

众所周知，由于加利福尼亚半岛上食物充足，一只成年的美洲鹰的两翼自然展开后长达3米，体重达20千克，它巨大而锋利的爪子可以抓住一只小海豹飞上天空。令人奇怪的是，就是这样一种驰骋在海洋上空的庞然大物，竟然能生活在南美安第斯山脉狭小而拥挤的岩洞里。

阿·史蒂文在对岩洞考察时发现，那里布满了奇形怪状的岩石，岩石与岩石之间的空隙仅15厘米宽，有的甚至更窄。有些岩石像刀片一样锋利，别说是美洲鹰这样的庞然大物，就是一般的鸟类也难以穿越。那么，美洲鹰究竟是怎样穿越这些小洞的呢？

为了揭开谜底，阿·史蒂文利用现代科技手段在岩洞中捕捉了一只美洲鹰。阿·史蒂文用许多树枝将鹰围在中间，然后用铁蒺藜做成一个直径15厘米的小洞让它飞出来。美洲鹰的速度惊人无比，阿·史蒂文只能从录像的慢镜头上仔细观看，结果发现它在钻出小洞时，双翅紧紧地贴在肚皮上，双脚直直地伸到尾部，与同样伸直的头部成一直线，看上去就像一截细小而柔软的面条。它是用以柔克刚的方式轻松地穿越了蒺藜洞。

显然，在长期的岩洞生活中，它们练就了能够缩小自己的身体的本领。在研究中，阿·史蒂文还进一步发现，每只美洲鹰的身上都结满了大小不等的痂，那些痂也跟岩石一般僵硬。因此可见，美洲鹰在学习穿越岩洞时也受过很多伤，在一次又一次的疼痛中，它们终于锻炼出了这套特殊的本领。为了生存，美洲鹰只能将身体缩小，来适应狭小而恶劣的环境，不然就很难得到生存！

创业是适者生存的进化过程。当今社会充满着各种各样的竞争，商场如同战场，当环境发生变化时，我们必须要改变自己，适应环境。“适者生存”就是最好的解释。创业需要培养适应环境的能力。

决策能力

几个学生向苏格拉底请教人生的真谛。苏格拉底把他们带到果林边，这时正是果实成熟的季节，树枝上沉甸甸地挂满了果子。“你们各顺着一行果树，从林子这头走到那头，每人摘一枚自己认为是最大最好的果子。不许走回头路，不许做第二次选择。”苏格拉底吩咐说。学生们出发了。在穿过果林的整个过程中，他们都十分认真地进行着选择。等他们到达果林的另一端时，老师已在那里等候着他们。“你们是否都选择到自己满意的果子了？”苏格拉底问。学生们你看着我，我看着你，都不肯回答。“怎么啦？孩子们，你们对自己的选择满意吗？”苏格拉底再次问。“老师，让我再选择一次吧！”一个学生请求说，“我走进果林时，就发现了一个很大很好的果子，但是，我还想找一个更大更好的，当我走到林子的尽头后，才发现第一次看见的那枚果子就是最大最好的。”另一个学生紧接着说：“我和师兄恰巧相反，我走进果林不久就摘下了一枚我认为是最大最好的果子，可是以后我发现，果林里比我摘下的这枚更大更好的果子多得是。老师，请让我也再选择一次吧！”“老师，让我们都再选择一次吧！”其他学生一起请求。苏格拉底坚定地摇了摇头：“孩子们，没有第二次选择，人生就是如此。”

苏格拉底的“人生选择论”给后人留下了很大的启发，其实，我们每个人面对自己的人生，只能做这样三件事：一是在人生的每一个“重要关口”，必须认真分析，郑重选择，争取不留下太多的“遗憾”；二是一旦做出了自己的选择，哪怕是有所“遗憾”，也要理智去面对，然后再努力创造条件去逐步改变；三是假若经过努力也不能改变现实，那就要勇敢地接受，千万不要使自己时时处在“后悔”的阴影当中，而应根据现实条件及时调整好自己，迈开大步，继续朝前走。

积累人脉能力

有这样一个真实的故事。一个风雨交加的夜晚，一对老夫妇走进一个旅馆的大厅，想要住宿一晚。

无奈饭店的夜班服务生说：“十分抱歉，今天的房间已经被早上来开会的团体订满了。若是在平常，我会送二位到没有空房的情况下用来应急备选的旅馆，可是我无法想象你们要再一次地置身于风雨中。你们何不待在我的房间呢？它虽然不是豪华的套房，但是很干净，因为我要值班，可以待在办公室休息。”这位年轻人很诚恳地提出这个建议。老夫妇大方地接受了他的建议。

隔天雨过天晴，老先生要前去结账时，柜台里仍是昨晚的这位服务生，这位服务生依然亲切地表示：“昨天您住的房间并不是饭店的客房，所以我们不会收您的钱，也希望您与夫人昨晚睡得安稳！”

老先生点头称赞：“你是每个旅馆老板梦寐以求的员工，或许改天我可以帮你盖栋旅馆。”

几年后，这个服务员收到一封挂号信，信中说了那个风雨交加的夜晚所发生的事，另外还附了一张邀请函和一张到纽约的来回机票。

在抵达纽约的几天后，服务生在第5街及34街的路口遇到了这位当年的旅客，这个路口正矗立着一栋华丽的新大楼，老先生说："这是我为你盖的旅馆，希望你来为我经营，好吗？"

这位服务生非常吃惊，说话也变得结结巴巴："你是不是有什么条件？你为什么选择我呢？你到底是谁？""我叫威廉·阿斯特，我没有任何条件，我说过，你正是我梦寐以求的员工。"

这个旅馆就是纽约最知名的华尔道夫饭店，这家饭店在1931年启用，是纽约极致尊荣的地位象征，也是各国的高层政要造访纽约下榻的首选。

当时接下这份工作的服务生就是乔治·波特，一位奠定华尔道夫饭店世纪地位的推手。

有人说："一个人能否成功，不在于你知道什么（what you know），而在于你认识谁（whom you know）。"卡耐基培训学校的负责人指出，这句话并不是教人忽略培养专业知识，而是强调：人脉是通往财富、成功的重要条件。发挥作用的是能在关键时候帮助我们的"贵人"，其实，"贵人"无处不在，人间充满着许许多多的机会，每一个机会都可能将自己推向另一个高峰。不要轻易忽视任何一个人，也不要疏忽任何一个可以助人的机会。要对每一个人都热情相待，学习把每一件事都做到完善；对每一个机会都充满感激。我相信，我们就是自己最重要的"贵人"。创业需要积累人脉。

管理能力

在一个组织中，每个人各有所长，各有所短，人无完人。管理者应发现每个人的长处并发挥这个人的长处，避免其短处，做到知人善任，这是一个管理者领导力的体现。从管理学的角度看，任何人都是可用的，关键是把人放在什么地方。如果把一个天才摆在不恰当的位置，天才也很难发挥作用。作为一名管理者，要因才适用，方可提高人才管理绩效。

动物园管理员发现袋鼠从笼子里跑出来了，于是开讨论会。他们一致认为是笼子的高度过低所致，所以决定将笼子的高度由原来的10米加高到20米。结果第二天他们发现袋鼠还是跑到外面来了，所以他们又决定再将高度加高到30米，没想到隔天居然又看到袋鼠跑到了外面，于是管理员们大为紧张，决定一不做、二不休，将笼子的高度加高到50米。

一天，长颈鹿和几只袋鼠一起闲聊，“你们说，这些人会不会再继续加高你们的笼子？”长颈鹿问。“很难说。”袋鼠说，“如果他们再继续忘记关门的话！”

管理是什么？管理就是先分清事情的主要矛盾和次要矛盾，认清事情的“本末”“轻重”“缓急”，然后再从重要的方面着手。管理者应仔细考虑各种可能的原因，然后根据已获得的事实，确定哪一个是真正的原因。只有找出偏差的原因，找到合适的管理方法，才有助于确定适当的矫正行动，否则很可能南辕北辙，事倍功半。

专业技术能力

知识是力量的源泉，基础知识的掌握是我们适应社会生活的基础，而专业技术能力是我们创业的基础。对于创业者来说，还需要掌握战略规划、财会知识、税收知识、营销知识、社交礼仪等。

防控能力

一天，魏文王问名医扁鹊：“你们家兄弟三人，都精于医术，到底哪一位医术最好呢？”

扁鹊答：“长兄最好，中兄次之，我最差。”

文王再问：“那么为什么你最出名呢？”

扁鹊答：“长兄治病，是治病于病情发作之前。由于一般人不知道他事先能铲除病因，所以他的名气无法传出去。中兄治病，是治病于病情初起时。一般人认为他只能治轻微的小病，所以他的名气只及本乡里。而我是治病于病情严重之时，一般人都看到我在经脉上穿针放血、在皮肤上敷药等，以为我的医术最高明，因此我的名气也最大。”

事后控制不如事中控制，事中控制不如事前控制。可惜大多数的事业经营者均未能体会到这一点，等到错误的决策造成了重大的损失时才寻求弥补，最后即使是请来了名气很大的“空降兵”，也于事无补。

团队协作

黑熊和棕熊喜食蜂蜜，都以养蜂为生。它们各有一个蜂箱，养着同样多的蜜蜂。有一天，它们决定比赛看谁的蜜蜂产的蜜多。

黑熊想，蜜的产量取决于蜜蜂每天对花的访问量。于是它买了一套昂贵的测量蜜蜂访问量的绩效管理系统。在它看来，蜜蜂所接触的花的数量就是其工作量。每过完一个季度，黑熊就公布每只蜜蜂的工作量；同时，黑熊还设立奖项，奖励访问量最高的蜜蜂。但黑熊从不告诉蜜蜂们它是在与棕熊比赛，只是让它的蜜蜂比赛访问量。

棕熊与黑熊想的不一样。棕熊认为蜜蜂能产多少蜜，关键在于它们每天采回多少花蜜，花蜜越多，酿的蜂蜜也越多。于是棕熊直截了当地告诉众蜜蜂：棕熊在和黑熊比赛看谁产的蜜多。棕熊花了不多的钱买了一套绩效管理系统，测量每只蜜蜂每天采回花蜜的数量和整个蜂箱每天酿出蜂蜜的数量，并把测量结果张榜公布。棕熊也设立了一套奖励制度，重奖当月采花蜜最多的蜜蜂。如果一个月的蜂蜜总产量高于上个月，那么所有蜜蜂都会受到不同程度的奖励。

一年半过去了，两只熊查看比赛结果，黑熊的蜂蜜不及棕熊的一半。

黑熊的评估体系很精确，但它评估的绩效与最终的绩效并不直接相关。黑熊的蜜蜂为尽可能提高访问量，都不采太多的花蜜，因为采的花蜜越多，飞起来就越慢，每天的访问量就越少。另外，黑熊本来是为了让蜜蜂搜集更多信息才让它们竞争，由于奖励范围太小，为搜集更多信息的竞争变成了相互封锁信息。蜜蜂之间竞争的压力太大，一只蜜蜂即使获得了很有价值的信息，比如某个地方有一片巨大的槐树林，它也不愿将此信息与其他蜜蜂分享。

而棕熊的蜜蜂则不一样，因为它不限于奖励一只蜜蜂，为了采集到更多的花蜜，蜜蜂相互合作，嗅觉灵敏、飞得快的蜜蜂负责打探哪儿的花最多最好，然后告诉力气大的蜜蜂一起到那儿去采集花蜜，剩下的蜜蜂负责贮存采集回的花蜜，将其酿成蜂蜜。虽然采集花蜜多的能得到最多的奖励，但其他蜜蜂也能得到部分好处，因此蜜蜂之间远没有到人人自危、相互拆台的地步。

同学们，我们从上文中不难看出，协作分工可促进事业的成功。

团队合作

单个人的软弱是无力的，就像漂流的鲁滨孙一样，只有同别人在一起，他才能完成许多事业。

——叔本华

团队合作是当今社会个人生存与可持续发展必不可少的条件，是为人处世、立足于社会的必备能力。对于学生而言，掌握必要的团队合作技能，有利于顺利适应工作环境，从容应对困难与危机。目前，职业院校学生普遍缺乏团队合作能力，缺乏合作的意识，而用人单位对学生的合作能力的要求却越来越高，他们不仅要求应聘者具有扎实的专业技能，而且要求他们有较强的合作能力，希望他们能与各类人和睦共处，能与不同性格的人组成团队，结成工作伙伴，努力成为社会和企业所需要的高素质人才。

“复旦五虎”

2007年7月16日，复星集团在中国香港联交所整体成功上市，融资128亿港元，成为当年中国香港联交所第三大IPO。复星集团的成功，来自“复旦五虎”共同打造的郭广昌的商业帝国。

郭广昌的核心团队共有五个人，他们是：郭广昌、梁信军、汪群斌、范伟、谈剑。这五个人都毕业于复旦大学，被称作“复旦五虎”。总结起来，他们团队有这几个特点：第一，相互信任；第二，志同道合，能力互补；第三，各尽其才，个人优势得到了最大的发挥。

第一，相互信任。1992年，“复旦五虎”拼凑起3.8万元一起创业，早期收获的第一个亿是在医药生物领域获得的。郭广昌没有任何医药生物专业基础，但当他知道了生物工程和医药有前景后，充分信任具有专业基础的梁信军、汪群斌等人，并在他们的组织下在这个领域中大赚了一笔。相互的信任让他们不断取得成绩。

第二，志同道合，能力互补。“复旦五虎”都毕业于复旦大学，他们在复星身居要职。现任复星集团董事长的郭广昌毕业于复旦哲学系；复星集团副董事长是毕业于复旦遗传学系的梁信军；CEO是汪群斌，毕业于复旦遗传学系；复星集团联席总裁、复地集团董事长是范伟，毕业于复旦遗传工程系；谈剑，毕业于复旦计算机专业，现任复星集团监事会主席、软件体育产业总经理。这个核心团队总结说，“我们身上有很多相似性和互补性”。志同道合让他们聚在一起，能力互补让他们把企业发展壮大。

第三，各尽其才，个人能力得到了最大限度发挥。梁信军对这个“五人团队”的评价是：“郭广昌不保守，从来没有觉得有什么事情只能想不能做，他的系统思维能力很强，处事比较公正，是一个很合格的董事长；在他之外，最适合做总经理的是汪群斌，他对行业的战略意识敏锐，情商智商兼具，行动能力、业务能力、学习能力和业务操作能力很强，是个领袖型的企业家；范伟呢，同他们两人的优点很像，有点差异的地方就是他不太爱说话，是讷于言、敏于行的那一类，但从品牌策划能力上，他又是其他人所不能及的；谈剑的学习能力很强，有段时间她分管我们的行政的时候，在财务上做得非常专业，一般的财务总监都比不过她。而且，在人际关系与业务合作上，她都很有一套。”

认知团队

什么是团队？管理学家罗宾斯认为，团队就是两个或者两个以上的相互作用、相互依赖的个体，为了特定目标而按照一定规则结合在一起的组织。团队有几个重要的构成要素，总结为“5P”。

1. 目标(Purpose):团队的既定目标，为团队导航。

2. 人员(People):人是构成团队最核心的力量。

3. 团队的定位(Place)：团队在所属领域中的位置。

4. 权限(Power)：团队当中领导人的权利大小跟团队发展阶段的关系。

5. 计划(Plan)：目标最终的实现，需要一系列具体的行动方案。

高效团队的特征：清晰的目标、相互的信任、相互的技能、一致的承诺、良好的沟通、谈判技能、恰当的领导、内部和外部的支持。

兄弟齐心，其利断金

吐谷浑国的国王阿豺有20个儿子。他这20个儿子个个都很有本领，难分伯仲。可是他们自恃本领强，都不把别人放在眼里，认为只有自己最有才能。平时20个儿子常常明争暗斗，见面就互相讥讽，在背后也总爱说别人的坏话。阿豺见到儿子们这种互不相容的情况，很是担心，他明白敌人很容易利用这种不睦的局面来各个击破，那样一来国家的安危就悬于一线了。阿豺常常利用各种机会和场合来苦口婆心地教导儿子们停止互相攻击、倾轧，要相互团结友爱。可是儿子们对父亲的话都是左耳进、右耳出，表面上装作遵从教诲，实际上并没放在心上，依然我行我素。

阿豺的年纪一天天大了，他明白自己在位的日子不会太久了。儿子们怎么办呢？再没有人能教诲他们、调解他们之间的矛盾了，那国家不是要四分五裂了吗？究竟用什么办法才能让他们懂得要团结起来呢？阿豺越来越忧心忡忡。有一天，他终于有了主意。他把儿子们召集到病榻床前，吩咐他们说："你们每个人都放一支箭在地上。"儿子们不知何故，但还是照办了。阿豺又叫过自己的弟弟慕利延说："你随便拾一支箭折断它。"慕利延顺手捡起身边的一支箭，稍一用力，箭就断了。阿豺又说："现在你把剩下的19支箭全都拾起来，把它们捆在一起，再试着折断。"慕利延抓住箭捆，使出了吃奶的力气，咬牙弯腰，脖子上青筋直冒，折腾得满头大汗，始终也没能将箭折断。阿豺缓缓地转向儿子们，语重心长地开口说道："你们也都看得明白了，一支箭，轻轻一折就断了，可是合在一起的时候，就怎么也折不断。你们兄弟也是如此，如果互相斗气，单独行动，很容易遭到失败，只有20个联合起来，齐心协力，才会产生无比巨大的力量，可以战胜一切，保障国家的安全。这就是团结的力量啊！"儿子们终于领悟了父亲的良苦用心，想起自己以往的行为，都悔恨地流着泪说："父亲，我们明白了，您就放心吧！"

同学们，"兄弟齐心，其利断金"，我们要认识到自己团队成员的重要性。奥斯特洛夫斯基说过，人的巨大的力量就在友好的集体里面。

每到深秋，成群的大雁排成"人"字形南飞；每到温暖的春天，成群的大雁往往又排成"人"字形回到北方。对此，我们往往产生疑问，大雁为什么排队迁徙？科学家们研究发现，如果排成队列飞行，整个雁群飞行的路程比单只大雁飞行的距离长。当一只大雁拍击翅膀时，就会为后面的大雁制造上升的气流。当领头的大雁疲劳时，就会轮到“人”字形队伍的尾部，让另一头大雁占据领头的位置，后面有大雁发出“嘎嘎”的叫声，给前面的大雁鼓励。大雁无论何时掉了队，马上就会感到独立飞行的阻力，很快会回到队伍中来。最后，当一只大雁由于生病或受伤而掉队时，有两只大雁会随它一起飞落到地上，帮助和保护它，直至这只雁出现好转或死去。然后，它们会加入新的雁群，或者组织自己的队伍去追赶前面的雁群。

大雁成群飞行给我们的启示：与拥有相同目标的人同行，能更快速容易地到达目的地，因为彼此之间能互相推动；在从事难度较大的任务时，轮流担任与共享领导权是必要的，要认识到自己也有能力不足的时候，懂得依靠团队的力量而不是自己的力量；我们必须确定从我们背后传来的是鼓励的“叫声”，而不是其他的声音，相互间的鼓励会振奋团队精神，坚持到底。

融入团队

猴子取食

美国加利福尼亚大学的学者做了这样一个实验：把6只猴子分别关在3个空房间里，每个房间2只，房子里分别放着一定数量的食物，但放的位置高度不一样。第一个房间的食物就放在地上，第二间房间的食物分别悬挂在对猴子来说从易到难的不同高度上，第三间房间的食物悬挂在房顶。数日后，他们发现第一个房间的猴子一死一伤，伤的缺了耳朵断了腿，奄奄一息。第三间房子的猴子也死了。只有第二个房间的猴子活得好好的。

究其原因，第一个房间的猴子一进房间就看到了地上的食物，于是，为了争夺唾手可得的食物而大动干戈，结果伤的伤，死的死。第三个房间的猴子虽做了努力，但食物太高，难度过大，够不着，被活活饿死了。

只有第二个房间的两只猴子先是凭着自己的本能蹦跳取食，最后，随着悬挂食物的高度增加，难度增大，两只猴子只有协作才能取得食物，于是，一只猴子托起另一

只猴子跳起取食。这样，每天都能取得够吃的食物，很好地活了下来。

这个虽是猴子取食的实验，但在一定程度上也说明了合作的重要性。

这个团队合作故事表明，内耗式的争斗甚至残杀，单打独斗，其结果无异于第一个和第三个房间里的猴子，只有发挥能动性和智慧，相互合作，才能共渡难关，取得成就。

偷油的老鼠

三只老鼠同去一个很深的油缸偷油喝，够不到油喝的它们想了一个办法，就是一只老鼠咬着另一只老鼠的尾巴，吊下缸底去喝油，大家轮流喝，有福同享。

第一只老鼠最先掉下去喝油，它想："油就这么点儿，大家轮流喝一点儿也不过瘾，今天算我运气好，干脆自己跳下去喝个饱。"夹在中间的老鼠想："下面的油没多少，万一让第一只老鼠喝光了，那我怎么办？我看还是把它放了，自己跳下去喝个痛快！"第三只老鼠也暗自嘀咕："油那么少，等它们两个吃饱喝足，哪里还有我的份？倒不如趁这个时候把它们放了，自己跳到缸底饱喝一顿。"

于是，第二只老鼠狠心地放开第一只老鼠的尾巴，第三只老鼠也迅速放开第二只老鼠的尾巴，它们争先恐后地跳到缸里去了。最后，三只老鼠都淹死在油缸里。

团队成员之间只有真诚合作，才能顺利实现团队目标。每一位员工都应忠诚负责地对待自己的工作，不能因个人私利而置企业和他人利益不顾。这样，才能形成凝聚力，增强战斗力，最大化地挖掘企业发展的潜力。

建设团队

（一）人尽其才

唐太宗的用人之道

唐太宗登基后，因为开国不久，整个朝廷的结构都在建设与调整中。那么把手下的有才之人分别放在什么位置上才能够形成一个最合理、最有效的组织结构呢？

房玄龄处理国事总是孜孜不倦，知道了就没有不办的，于是太宗任用房玄龄为中书令。中书令的职责是：掌管国家的军令、政令，阐明帝事。入宫禀告皇帝，出宫侍奉皇帝，管理万邦，处理百事，辅佐天子而执大众，这正适合房玄龄“孜孜不倦”的特性。魏征常把谏诤之事放在心上，耻于国君赶不上尧舜，于是唐太宗任用魏征为谏议大夫。谏议大夫的职责是专门向皇帝提意见，这是个很奇特的官，官位既不高却又重要无比；其既无尺寸之柄，但又权力很大，而这一切都取决于谏议大夫的意见、皇帝是听还是不听，像魏征这样敢于直谏的人对这个职位是再合适不过了。李靖文才武略兼备，出去能带兵，入朝能为相，太宗就任用李靖为刑部尚书兼检校中书令。刑部尚书的职责是：掌管全国刑法和徒隶、勾覆、关禁的政令，这些都正适合李靖才能的发挥。

房玄龄、魏征、李靖共同主持朝政，取长补短，发挥各自的优势，共同构建起大唐的上层组织。除此之外，唐太宗还把房玄龄和杜如晦合理地搭配起来。李世民发现房玄龄能提出许多精辟的见解和具体的办法，但是房玄龄却对自己的想法和建议不善于整理。他的许多精辟见解，很难决定颁布哪一条。而杜如晦，虽不善于谋划，但却善于对别人提出的意见做周密的分析，精于决断，什么事经他一审视，很快就能变成一项决策、律令提到唐太宗面前。于是他们俩搭配起来，密切合作，组成合力，辅佐唐太宗，从而形成了历史上著名的“房（玄龄）谋杜（如晦）断”的人才结构。

（二）规范制度

美国管理学家史蒂芬·P·罗宾斯教授在《管理学》一书中提到过这样一个现象：房间中有一个烧得火红的炉子，你敢不敢用手去摸它？要是你敢用手去摸，肯定会被火灼伤，然后你就得到充分的警告：“火红的热炉摸不得。”而且无论是谁，只要触摸火炉，都会受到应有的惩罚，这种逻辑关系称为“热炉规则”。

这个效应形象地阐释了惩处的原则：热炉火红，不用手去摸也知道炉子是热的，是会灼伤人的——警告性原则；每当你碰到热炉，肯定会被火灼伤——致性原则；当你碰到热炉时，立即就被灼伤——即时性原则；因此，惩处必须在错误行为发生后立即进行，不管是谁碰到热炉，都会被灼伤——公平性原则，企业规章制度面前人人平等，不论是企业领导还是下属，只要触犯企业的规章制度，都要受到惩处。

孙子练兵

孙子带着自己所著的兵法觐见吴王。吴王想检验一下他的兵法是否有道理，就从宫中选出一批美女要孙子训练。

于是，孙子将选出的180名宫女分成两队，并用吴王宠爱的两个妃子担任两队的队长，命令每个人都拿着戟。孙子三番五次地宣布纪律，然后讲清楚了训练的动作要领，并把用来行刑的斧钺摆好。

孙子命令击鼓向右，没想到，面对他的命令，宫女们却哈哈大笑起来。看到这种情况，孙子说：“纪律不明确，交代不清楚，这是将帅的罪过。”又严肃地再次讲明纪律，然后命令击鼓向左。宫女们又哈哈大笑起来。孙子说：“纪律不明确，交代不清楚，这是将帅的罪过；既然已经再三说明了而不执行命令，那就是属下的罪过了。”由于吴王的两个宠妃对孙子的命令最有恃无恐，于是孙子不顾吴王反对，杀了他的两个宠妃示众。在接下来的训练中，宫女们无人敢再笑，所有的动作都符合规定的要求，队伍被训练得整整齐齐的。经过这件事，吴王看出孙子果然善于用兵，便任命他为将军，委以重任。

制度对一个团队的发展具有很大的影响，俗话说得好，没有规矩不成方圆。规范化、系统化的制度保障团队公平公

正地运行。

（三）化解矛盾

狄仁杰是唐朝名相，他心胸阔达，方正廉明，被武则天看中，提拔为宰相。他初任这一职务，碰到过有人向他告密的事，告密者不是别人，而是武则天。那天，群臣退朝，武则天独将狄仁杰留下，先是拉了一会儿家常，提及狄仁杰在汝南的政绩，武则天连连夸奖，然后附耳过来："你知道你在汝南，谁经常打你的小报告吗？你想知道吗？我告诉你吧。"

狄仁杰听了这话，赶紧说："陛下，请您别告诉我。"

武则天有点诧异："你不相信我？"

狄仁杰说："不是。不是我不相信您，而是我不相信我自己的雅量。"

狄仁杰对武则天说："我不知道哪些是小人，我只知道他们都是好朋友，我请您不要告诉我哪些人向您打过我的小报告。因为狄仁杰还想与他们照样相处，照样共事，不想在心中留下任何疙瘩。"

狄仁杰做宰相，他有太多的机会报复小人，可是作为政治家，他能以公器报私怨吗？他怕自己克制不住内心的报仇行动，一不小心私仇公报了，不能团结所有可以团结的力量，所以他宁愿不知道。

不相信才是真相信。狄仁杰不相信自己的雅量，他拥有最大的雅量，也因此被人誉为"河曲之明珠，东南之遗宝。"

团队必定存在冲突。团队成员必须接受这样一个事实：有两个以上的地方就存在冲突，产生冲突的可能性与人数多少之间是一个正向的倍增关系。如何解决团队冲突呢？

1.及时沟通：团队必须做到及时沟通，积极引导，求同存异，把握时机，适时调整。

2.与上级沟通要用"脑"：认真倾听上级的指挥和策略，并做出适当的反馈，以测试自己是否已较好地解释了上级的语言和意图；当出现偏差或者有自己的想法时，应主动大胆地和上级进行沟通，并尽量做到有理、有据、有节制。

3.与评级沟通要用"心"：平级之间加强交流沟通，避免引起猜疑。要尊重别人的价值，不随便推卸责任，主动沟通，用心交流。

4.养成信息回馈习惯：所有的沟通协调方式必须有回馈机制，保证接收者接到信息回馈的方式可以是口头、电话、短信、便条、电子邮件等。

5.不在不良情绪下做沟通协调和决定：负面情绪中的沟通协调常常会口不择言，

不但于事无补，还很容易使人冲动而失去理性，酿成更大的冲突。

6.控制非正式沟通：虽然在有些情况下，非正式沟通往往能实现正式沟通难以达到的效果，但是，它也可以成为散步小道消息和谣言的渠道，产生不好的作用。

7.引进第三方：双方冲突激烈而且持续时间较长时，这是可从外部引进第三方顾问（也叫作第三方调停人）来与对方代表会面，充当解释的角色，在冲突双方之间重新建立已经断裂的沟通线路。

8.成员轮换：在团队内部，常年进行有计划的人员流动，可使团队成员对相互之间的工作有更多了解，队员之间有更多的私人接触，价值观、态度、目标可以更好地相互渗透，久而久之，对转变导致冲突的根本态度和感知是非常有效的。

9.共同的使命和超级目标：减少冲突的一个较简单的方法就是寻求一个双方都能够接受且必须共同面对的目标，即所谓超级目标。

（四）奉献精神

有一次，我和艾迪发现一群狼只有二三十只。当时，我们带来足够的弹药，我们认为至少能杀掉十只狼。艾迪首先开枪杀掉一只，群狼发现我们之后并没有乱，而是有序地向山谷方向跑去。我们骑上马带着猎狗开始追击，并渐渐缩短了与群狼的距离。

正当我们举枪准备再射击时，有三只狼突然停下了，转回头来面对着我们。当时，我们一下子愣在了那里，不知道该怎么办。三只狼停下的地方正是一个山脊，其他的狼翻过了山脊就不见了。过了几秒钟，我和艾迪连读开了几枪，打死了那三只狼。后来我们发现这三只狼都是非常强壮的狼，大概是狼群中的首领。这时我们才明白，它们是为了整个狼群能够逃脱而牺牲了自己。

我不知道在动物界是否还存在像狼一样勇于牺牲自我来保卫团队的动物。至少在我们人类中间，这种高尚的行为已经越来越少见了。当我们为了各自的利益而争得不可开交、兵戎相见时，我们是否应该向狼群学一学呢？

一个团队中存在多种角色，这些角色的技能、个性均不相同，并且每个角色在团队中承担的职责和发挥的作用都不完全一样，他们面

对各种问题也会有不同的想法和做法。要发挥团队整体力量，就要求每个成员都有一种牺牲精神和奉献精神。

两根金条三人分

有三个人，初次合作便获得了两根金条，让他们有喜有忧。喜的是，三个人的第一次合作，便获得了两根金条；忧的是，三个人，只有两根金条，怎么分呢？

结果，三个人，分别用了三种分法。

第一个人的分法是：将两根金条据为己有。他说："因为是初次合作，而我的功劳又最大，所以这第一笔收入应该全归我，等以后有了更多收入，再加倍分给你们两个。"结果，那人得了金条，另两人却弃他而去。

第二人的分法是：将两根金条换成纸钞，然后三人平均分配。他说："我们三人既然是一起合作，就应该平均分配所得收入。"三人都觉得这种分法最公平，于是拿了钱后，三人便各奔东西了。

第三个人的分法是：将两根金条分给另两人，自己不要。他说："咱们初次合作便获得了不小的成绩，我相信以后我们会获得更多、更大的成绩。这初次的收入给两位好了，等以后有了更多的收入，我再来分吧。"结果，两人一起拥护那人做领导，带领他们继续工作。

第一个人显然是一个贪婪者，俗话说，聚财人散。他虽然获得了小利，但却失去了人心。这样的路，注定走不远。

第二个人，虽然分配公平，但因为各不相欠，所以合作者之间也就相互没有了情义。这种合作也不会长久。

第三个人，虽然自己暂时失去了利益，表面上他什么也没得到，但实际却得到了比金条更贵重的东西，那就是信任。

所谓团队精神，简单来说就是大局意识、协作精神和服务精神的集中体现。